海南省琼海市耕地地力评价与利用

庞燕玲　吕烈武　袁辉林　主编

中国农业大学出版社
·北京·

内 容 简 介

《海南省琼海市耕地地力评价与利用》一书全面系统地介绍了海南省琼海市耕地地力评价与利用的方法及内容。首次对琼海市耕地资源历史、现状及问题进行了分析、探讨，并引用大量调查分析数据，对琼海市耕地地力、中低产田地力做了深入细致的分析。指出了琼海市耕地资源的本质及目前存在的问题，提出了耕地资源合理改良利用意见。为各级农业科技工作者、各级农业决策者制订农业发展规划，调整农业产业结构，加快绿色、无公害、有机农产品基地建设步伐，保证粮食生产安全，科学施肥，退耕还林还草，为节水农业、生态农业及农业现代化、信息化建设提供了科学依据。

本书共八章。第一章：自然与农业生产概况；第二章：耕地地力评价技术路线；第三章：耕地土壤、立地条件与农田基础设施；第四章：耕地土壤属性；第五章：耕地地力评价；第六章：耕地环境质量；第七章：蔬菜地质量状况及科学利用；第八章：耕地地力调查与质量评价的应用研究。此外，还包含琼海市耕地地力评价专题图件。

本书适宜农业、土肥科技工作者以及从事农业技术推广与农业生产管理的人员阅读。

图书在版编目(CIP)数据

海南省琼海市耕地地力评价与利用 / 庞燕玲，吕烈武，袁辉林主编. —北京：中国农业大学出版社，2017.7

ISBN 978-7-5655-1878-2

Ⅰ.①海… Ⅱ.①庞…②吕…③袁… Ⅲ.①耕作土壤-土壤肥力-土壤调查-琼海②耕作土壤-土壤评价-琼海 Ⅳ.①S159.266.3②S158.2

中国版本图书馆 CIP 数据核字(2017)第 168053 号

书　　名　海南省琼海市耕地地力评价与利用
作　　者　庞燕玲　吕烈武　袁辉林　主编

策划编辑　李卫峰　赵　中　　　**责任编辑**　潘晓丽
封面设计　郑　川　　　**责任校对**　王晓凤
出版发行　中国农业大学出版社
社　　址　北京市海淀区圆明园西路 2 号　　　**邮政编码**　100193
电　　话　发行部 010-62818525，8625　　　读者服务部 010-62732336
　　　　　编辑部 010-62732617，2618　　　出　版　部 010-62733440
网　　址　http：//www.cau.edu.cn/caup　　　**E-mail** cbsszs@cau.edu.cn
经　　销　新华书店
印　　刷　涿州市星河印刷有限公司
版　　次　2017 年 7 月第 1 版　2017 年 7 月第 1 次印刷
规　　格　787×980　16 开本　12.25 印张　150 千字　彩插 9
定　　价　38.00 元

编写人员

主　编　庞燕玲　吕烈武　袁辉林

副主编　徐济春　刘存法　黄顺坚

参　编　梁　娟　王汀忠　钟昌柏　祁君凤

　　　　龙笛笛　何　彦　王丽华

前言

海南省琼海市地处亚热带，自然条件优越，有着丰富的生物和土壤资源，水热条件优越，适于各种热带作物的生长，生产潜力大，是海南主要热作生产基地之一。

根据《全国耕地地力评价试点工作方案》《全国耕地地力评价技术规程》的要求，海南省琼海市承担了2009年全国耕地地力评价试点工作。经过充分调研，摸清了琼海市耕地地力和质量状况，查清了影响当地农业生产持续发展的主要制约因素，建立了较为完善的、操作性强的、科技含量高的琼海市耕地地力评价体系，并初步构筑了琼海市耕地资源信息管理系统；提出了琼海市耕地保护、地力培肥、耕地适宜种植、科学施肥及土壤退化防治技术等。这些成果为琼海市各级农业决策者制定农业发展规划、调整农业产业结构、加快绿色食品基地建设步伐、保证粮食生产安全以及促进农业现代化建设提供了最基础的第一手科学资料和最直接的科学依据，亦为今后大面积开展耕地地力评价工作、实施沃土工程、发展旱作节水农业及其他农业新技术普及工作提供了技术支撑。

本书共分八章。庞燕玲、吕烈武、袁辉林负责前言、第一章、第二章、第三章的编写，并负责对各章节的修改补充和全书的统稿；吕烈武、袁辉林负责第四章、第五章、第六章的编写；袁辉林、徐济春负责第七章的编写；黄顺坚、刘存法负责第八章的编写；梁娟、王汀忠、钟昌柏、祁君凤、龙笛笛、何彦、王丽华等参加样品化验并核对；吕烈武、庞燕玲对本书编写进行全程指导。

本书的撰写得到中国热带农业科学研究院热带作物品种资源所漆智平研究员、魏志远老师等专家的大力支持，在这里一并致谢。

由于编写时间仓促，编写人员水平有限，书中难免有收录不当、涵盖不全、叙述不清、表意不明等不足和疏漏之处，敬请广大读者批评指正。

编　者

2017 年 4 月

目　录

第一章 自然与农业生产概况

第一节 地理位置与行政区划

琼海市位于海南岛的东部，地处东经 110°07′～110°40′，北纬 18°59′～19°29′。东临南海，东北连文昌市，西北与定安县毗邻，西南与屯昌、琼中县接壤，南靠万宁市。北距省会海口市 86 km，南距国际旅游城市三亚市 163 km。市境东西长 60 km，南北宽 55 km，总面积 1 692 km^2。万泉河自西向东穿过市境中部，经嘉积镇注入博鳌港，把琼海市域分割成南北两部分，其南部为原乐会县境，北部为原琼东县境。琼海现辖嘉积、中原、博鳌、潭门、长坡、万泉、塔洋、大路、阳江、龙江、会山、石壁 12 个镇，204 个村(居)委会，辖区内还有 5 个国有农场、1 个华侨农场和 1 个国有林场。嘉积城区为市府所在地。

2010 年琼海市总人口 49.64 万人，其中，非农业人口 15.31 万人，农业人口 34.33 万人，每平方千米 293 人，男性 26.02 万人，女性 23.62 万人。性别比例为 110.16%(女 100)，城镇与乡村人口比例 44.60%。琼海市是散杂居少数民族地区。全市共有 9 个少数民族种别，少数民族总人口 18 153 人，占全市总人口的 3.7%。其中世居少数民族有苗族、黎族。其人口和分布情况分别为苗族 11 001 人，主要分布在会山镇和石壁镇的南通、水口仔两个村委会以及阳江新民村；黎族 4 972 人，世居的人口主要分布在会山镇加毫园、大丰五队，共有 280 人；其他原因迁入的黎族人主要分布在其他乡镇及机关单位，共有 4 692 人。此外，还有壮族 1 777 人、回族 29 人以及其他民族 374 人。

第二节　自然与农村经济概况

一、土地资源概况

据土地变更最新数据（国土），琼海市土地总面积为 17.1 万 hm^2，农用地 14.11 万 hm^2，占土地总面积的 82.51%；建筑用地 2.21 万 hm^2，占土地总面积的 13.51%；其他土地 6 803.71 hm^2，占土地总面积的 3.98%。农用地：耕地 3.79 万 hm^2，占土地总面积的 22.18%；园地 8.28 万 hm^2，占土地总面积的 48.42%；林地 1.31 万 hm^2，占土地总面积的 7.64%；其他农用地 7 324.81 hm^2，占 4.28%。

二、自然气候与地质条件

（一）气候

琼海市属热带季风气候区北缘，受季风影响大，光照充足，高温多雨，台风频繁，四季不明显，旱季和雨季分明。

旱季一般出现在 12 月至次年 4 月。月均降雨量为 67 mm，最少的 1 月份为 39.2 mm，总雨量 335.8 mm。仅占年均雨量 2 042.6 mm

的16.4%。旱季最多雨量的是1953年576 mm，最少雨量是1955年121 mm。

雨季出现在5～11月份。月均降雨量为243.8 mm，最多的9月份为388.3 mm，总雨量为1 706.8 mm，占年均雨量的83.6%。其中8、9月份雨量为678.8 mm，占年均雨量的33.1%，相当于旱季的1倍。

四季气温变化不大，最冷的冬季(12月份至次年2月份)，气温比年均气温24℃偏低3.8～6.0℃。受冷空气影响时，期间有低温阴雨天气出现，偶有严寒，但极端低温日都在5.0℃以上，且时间短暂，次数不多。春季(3～5月份)气温回升快，月均气温为24.9℃。春分至清明期间，多出现3～5 d低温阴雨天气，俗称"清明风"。5月份气温上升到27.5℃，开始出现高温天气。夏季(6～8月份)为全年高温季节，月均气温为27.9℃，最热的7月份平均气温为28.2℃，比年均温度偏高4.2℃，极端高温日为39.8℃，偶有"干热风"出现。8月份台风、暴雨增多，气温略有下降。秋季(9～11月份)台风暴雨频繁，月均气温降为24.2℃。寒露前后，天气变凉，时有3～5 d低温天气出现，俗称"寒露风"。秋季内月均气温近似春季，不同的是，秋季由高温多雨转向低温少雨，而春季则相反。全年高温多雨，为农作物创造了良好的生长条件。但不利因素是，雨量分布不均，易出现旱、涝灾害，加上风害(清明风、干热风、台风、寒露风)、冷害(低温阴雨)等灾害，给农作物带来一定的影响。

1.气温

琼海市年均气温为24.0℃，年际变动一般在23.3～24.1℃，变幅为0.7℃。高温天气多出现在5～7月份。最热的7月份平均气温为28.2℃。月际变动27.4～28.4℃，易出现高温纪录。极端高温月为29.6℃(1977年6月)；极端高温日为39.8℃(1957年5月14日)。

全年有9个月平均气温都在21.0℃以上。常年最冷的天气多出现在1月份，平均气温为18.0℃，月际变动在17.2～18.3℃。极端低温月为14.6℃(1968年2月)；极端低温日为5.0℃(1955年1月12日)。极端低温天气，约11年一遇。

气温随地势倾斜自东向西递降。最热的7月份，东南沿海地区为28.4℃，而西南山区为27.4℃；最冷的1月份，东南沿海地区为18.3℃，而西南山区为17.2℃。两地年均气温分别为24.1℃和23.3℃。

2.降雨

琼海市年均雨量为2 042.6 mm。其分布大致是：东北部沿海较少，在1 760～1 800 mm；东部沿海和南部地区，在1 800～2 000 mm；中部、北部地区在2 000～2 200 mm；西部和西南部地区较多，在2 200～2 600 mm。最多的是西南部的南塘水库为2 660 mm，最少的是东北部合水水库为1 726 mm。降水量明显地随地貌和海拔高度的不同，自西南向东北递减。

雨量季节分布不均，旱季和雨季分明。雨季平均降水量为1 706.8 mm，占年均雨量的83.6%。其中秋季为841.3 mm，占年均雨量的41.2%；夏季为684.2 mm，占年均雨量的33.5%，夏秋季雨量约占年均雨量的3/4。旱季雨量为335.8 mm，仅占年均雨量的16.4%，其中1、2月份雨量最少，仅占年均雨量的4%。常出现历史性的冬春缺水。

年降水量最多的为3 245 mm(1953年)，最少的为1 074.2 mm(1977年)。月最大降水量为811.5 mm(1957年10月)；最少降水量为2.3 mm(1964年4月)。日最大降水量为307 mm(1979年9月20日)。年均雨日为165 d，最多207 d，最少125 d。

琼海市年均相对湿度为86%。年中各月变化不大。其幅度在83%～88%。最大年均值是2月份，达88%，最小年均值是7月份，达 83%。适宜于橡胶和喜雨作物的生长。

3. 风力

琼海市受季风气候影响，冬半年多吹东北风，夏半年多吹西南风。一般风速在 2.1～3.4 m/s，多数年份在 3.0 m/s 以下，历年平均风速为 2.7 m/s。风速随季节变化，冬季大于夏秋季，沿海大于山区。东部沿海年均风速一般大于 3.9 m/s，北部、中部和南部在 2.0～3.0 m/s，西部山区在 2.0 m/s 左右。年中大风日数不多，历年平均为5 d，其中 77%出现于 7～10 月份。夏、秋季的大风多是受台风影响造成，其次是局部的雷雨大风。龙卷风也出现过，但次数极少。

4. 日照

全市年均日照数为 2 155 h，占可照时数的 49%。大多数年份都在 2 000 h 以上，最多的为 2 632 h(1963 年)，最少的为 1 730 h(1970 年)。年际变化稳定。在季节分布上，以夏季最多，有 698 h，占年日照时数的 32%；冬季最少，仅有 371 h，占 17%。月份则以 7 月份最多，有 258 h；最少是 2 月份，仅 113 h。地区分布的一般规律是：沿海多于内地，南部多于北部。夏季日最长为 13.17 h，冬季日最短为 10.59 h，相差 2.58 h。

5. 蒸发量

全年平均蒸发量 1 846.3 mm，占年均降水量的 90.4%。蒸发量最大值为 7 月份，达 243.0 mm，2 月份最小，只有 73.8 mm。年平均降水量与平均蒸发量之差为 196.3 mm，降水多于蒸发。

(二)地质地貌与成土母质

1. 地质

(1)第四系

河口三角洲沉积物，分布于琼海市万泉河口的朝阳、博鳌、培兰等地，为黏土层、沙层；海漫滩沉积物，主要见于照文山、大堀及土桥、文子、墨香等地，为贝壳碎屑砂层夹泥炭；海成一级阶地砂堤沉积物，分布在东坡一带，为贝壳碎屑砂层、砂砾层，富含砂钛矿、锆英石；海成一级阶地沉积物，分布于长坡海圮至博鳌一带，为砂质黏土层、砂砾层夹泥炭，富含砂钛矿和锆英石；海成一级阶地沉积物，分布于岭头附近，为黏土层、砂质黏土层夹泥炭；河流一级阶地沉积物，沿万泉河的文堂至朝阳段以及烟塘、塔洋至南寨段河流两侧分布，为砂质黏土层、砂砾层夹泥炭；海成二级阶地沉积物，见于欧村一带，为黏土质砂层、砂层；海成四级阶地沉积物，分布在乐利、福田、龙圮埇、春利等地，为黏土质砂层、砂砾层。

(2)下白垩统

市内有阳江和福田大小两个盆地，总面积 312 km^2。属内陆湖泊相碎屑沉积，为紫红、棕黄色复成分砾岩、砂砾岩与紫红色长石石英砂岩，粉砂岩、罩岩互层，产轮藻、介形虫及植物化石。时代属早白垩世，厚度分别为 1 950 m 和 318 m。

(3)下三叠统岭文组

分布于边塘北侧至九曲江一带，面积约 4 km^2。属山间盆地河、湖相沉积，总厚度大于 728 m，分上下两段：上段由灰、灰黑色泥岩、沉积粉砂岩、含砾细砂岩组成，产植物、孢粉化石，厚度 374～472 m；下段由浅灰、棕黄色砾岩、含砾细砂岩组成，厚度 114～354 m。与下伏奥陶——志留系呈不整合接触，被下白垩统所覆盖。

(4)石炭——二叠系

分布于通天螺至上村、响沟一带。属滨浅海相陆源碎屑沉积，由变质砾岩、变质石英砂岩、透辉透闪石角岩、硅质泥质板岩、千枚岩及透镜状结晶灰岩组成，产腕足类、苔藓虫及植物化石。厚度大于 4 250 m，与下伏奥陶——志留系呈不整合接触。

(5)奥陶——志留系

见于白马岭、雷公岭、排园等地，在春和、北山、嘉积镇东面及烟塘镇也零散出露。属滨浅海相沉积，上段由含炭绢云母千枚岩、红柱石石英片岩夹变质粉砂岩组成。下段为变质石英粉砂岩、绢云母石英片岩夹炭质板岩、透镜状结晶灰岩。总厚度大于 2 300 m。此外，还有混合片麻岩、注入混合岩零散分布在东升农场、新市乡大出头和南俸农场等地。

2.地貌

琼海市背山面海，母瑞山余脉自西向东延伸而入，构成全境地势自西向东倾斜的特点。西部和西南部为山区、半山区，面积 347.06 km^2，占土地总面积的 20.5％；中部和北部为台地、丘陵，面积 714.44 km^2，占土地总面积的 42.2％；东南部为平原地带，面积 567.15 km^2，占土地总面积的 33.5％。水域面积 64.32 km^2，占土地总面积的 3.8％。白马岭为全市最高点，海拔 1 264.4 m。万泉河自西向东流经 10 个乡镇后注入南海。

(1)中低山剥蚀地貌

中低山剥蚀地貌分布于市境西南界的大罗岭顶、白马岭至团岭靠山峰上段及雷公岭等地。海拔 500～1 064 m，相对高差 450～760 m。基岩为奥陶——志留系浅变质岩及华力西——印支期混合花岗岩、燕山早期二长花岗岩。山顶呈圆顶状，山坡为凹形坡，发育“V”形冲沟。面积 2 160 hm^2，占土地总面积的 1.27％。

(2)剥蚀丘陵

剥蚀丘陵分布于上村至下田、东太农场、六潭水队、前卫队、岭头边、大田坡、石合水库以北一线的南、西、西北至县界之间地带。海拔 100～1 500 m，相对高差 24～760 m。基岩为奥陶——志留系、石炭——二叠系、下白垩统及华力西——印支期混合花岗岩、燕山早期二长花岗岩、晚期花岗斑岩。山顶多呈圆形，山脊大多显锯齿状，山坡系凹形坡，冲沟为“V”形沟。面积 4.4 万 hm^2，占土地总面积的 26%。

(3)剥蚀波状平原

剥蚀波状平原广泛分布在万泉河以南的阳江、中原、温泉等地区，地势微向东倾斜，以北的罗南、东升农场、万泉、嘉积镇等地区和烟塘、长坡、塔洋、朝阳等地区分别向南和向东南倾斜。海拔 10～100 m，相对高差 5～59 m。基岩主要为奥陶——志留系、下白垩统、岭文组、石炭——二叠系以及华力西——印支期混合花岗岩、燕山早期花岗岩。平原上河曲发育，有较多的残丘兀立。面积 4.44 万 hm^2，占土地总面积的 26.2%。

(4)玄武岩台地

玄武岩台地分布于岭脚、复社、大路、泮水一带。海拔 10～97 m，相对高差 7～28 m。基岩系玄武岩类，地表岩石已发生红土化。台地表面起伏不平，洼地、冲沟发育，水土流失严重。面积 4.52 万 hm^2，占土地总面积的 26.7%。

(5)海积地貌

海积地貌分布于文园至加裕、温泉、九曲江一线以东的沿海地段。海拔 0～30 m。地层为第四纪松散海积物，大体平行海岸线或沿海岸地带分布，微向海方向倾斜。面积 1.73 万 hm^2，占 10.2%，其中浅海沉积物 1.52 万 hm^2，占土地总面积的 9.0%。

(6)河流侵蚀堆积地貌

河流侵蚀堆积地貌沿河流两侧及万泉河河口分布。海拔 0.5～20 m。地层包括河流一级阶地和河口三角洲第四纪松散沉积物。阶地宽 400～4 600 m，阶面微向河床倾斜。面积 1.62 万 hm^2，占土地总面积的 9.6%。

3. 土壤类型及特性

全市土壤共分为 11 个土类、16 个亚类、45 个土属、105 个土种，

11个土类分别是水稻土、黄壤、赤红壤、砖红壤、紫色土、菜园土、潮沙泥土、滨海沙土、滨海盐渍沼泽土、沼泽土和石质土。

(1)水稻土类

琼海市水稻土类面积2.18万 hm^2,占土地总面积的12.75%,占耕地面积的56.65%。分为5个亚类:①淹育型水稻土,面积78.2 hm^2,占水稻土面积的0.36%。零星分散在文市、烟塘、石壁等乡镇丘陵地带。田块高、水源缺,多是单造田或番薯田。②潴育型水稻土,面积1.68万 hm^2,占水稻土面积的77.32%。分布广,各乡镇均占有一定面积,是水稻土中理化性质较为理想的土壤类型。③潜育型水稻土,面积1 293 hm^2,占水稻土面积的5.95%。主要分布在长坡、中原、大路、泮水、塔洋、温泉、上埇等乡镇。地下水位高,土壤酸性强,作物长势差。④渗育型水稻土,面积3.88万亩,占水稻土面积11.88%。分布在长坡、福田、中原、塔洋、泮水等乡镇,为丘陵地田埇田和沟谷田,土壤质地偏砂,长期受侧向渗水漂洗,铁锰离子严重损失,是水稻土中养分含量最低的土壤。⑤沼泽型水稻土,面积1 093 hm^2,占水稻土面积的4.48%。分布在大路、烟塘、石壁、塔洋、泮水、阳江、长坡、上埇、温泉等乡镇。地下水位高,土质呈酸性,潜在养分高,有效养分低,作物产量中等。此土类共8个亚类,20个土属,53个土种。

(2)黄壤类

面积206 hm^2,占土地总面积的0.12%。主要分布在白马岭800 m以上的山坡上。土层深厚,土壤呈酸性,有机质丰富。

(3)赤红壤类

面积574 hm^2,占土地总面积的0.34%。分布在会山镇境内的白马岭和团岭500~800 m的低山地带。土层深厚,多为壤土,呈酸性,有机质含量中等。

(4)砖红壤类

面积 933.87 hm^2,占土地总面积的 0.55%。集中分布在大路、烟塘、泮水等乡镇。土壤呈酸性。

(5)紫色土类

面积 68 hm^2,占土地总面积的 0.04%。零星分布于朝阳、会山等地。土壤呈酸性,保水保肥中等。

(6)菜园土类

面积 28 hm^2,占土地总面积的 0.01%。零星分布于嘉积、塔洋、石壁、大路等地,是人为耕作高度熟化了的土壤,呈酸性,团粒结构好,有机质养分低,速效养分高。

(7)潮沙泥土类

面积 2 807 hm^2,占土地总面积的 1.64%。分布于万泉河、九曲江及其支流沿岸,土层深厚,质地接近沙土到重壤土,肥力较低,呈酸性。

(8)滨海盐渍沼泽土类

面积 154 hm^2,占土地总面积的 0.09%。主要分布于潭门、九曲江、长坡、博鳌等沿海地带。土层深,呈酸性,含盐分高。

(9)滨海沙土类

面积 1 587 hm^2,占土地总面积的 0.93%。分布于长坡、潭门、博鳌等沿海地带的海成阶地。土壤沙性大,质地松沙,呈酸性,较瘦瘠。

(10)沼泽土类

面积 62 hm^2,占土地总面积的 0.03%。零星分布于塔洋、福田、九曲江和中原等乡镇。地势低洼,长期渍水,土壤处于还原状态,亚铁反应高,呈酸性。

(11)石质土类

面积 524 hm^2,占土地总面积的 0.31%,分布于长坡镇、九曲江乡和万宁市交界处的尖岭。土质浅薄,母岩外露,土层中含大量母岩碎块，利用困难。

(三)植被

新中国成立后，琼海市的天然林逐年减少，人工造林逐年增加。植被大体可分为自然植被和人工植被两种类型。

1.自然植被

天然林多分布于县境西部和西南部高丘陵山区，以常绿季雨林、山地雨林、沟谷雨林和常绿阔叶林为主。北部低丘陵和台地，多长次生林、灌木丛，还有疏林草地。牧草地和竹林，多分布于东南部平原和西部山区。沿海滩涂长有少量红树林。乔木主要有青梅、加卜、竹叶松、石梓、苦梓、绿楠、乌营、红稠、乌稠、红锥、红椤、山海棠、油丹、塞胭脂、孔雀豆、麻楝、细子龙、鸡尖、桢楠等155种。

2.人工植被

人工植被多为人工栽培的用材林、防护林、薪炭林和经济林。防护林和经济林多分布于县西部和东南沿海地带；用材林、海防林、薪炭林多分布于北部、中部和东南部。人工林以窿缘桉和木麻黄为主。移植外来树种有台湾相思、大叶桉、柠檬桉、樟树、麻楝、柚木、花梨、竹柏、南亚松、湿地松、雨林等。乡土树种除上述荔枝、龙眼、苦楝、枇杷、木棉、胭脂、菠萝蜜、榕树外，尚有油茶、杨桃、柚、人心果、石榴、甜戊等。

(四)水文条件

境内河流众多，水资源丰富，水质优。境内主要水系有3条：九曲江、万泉河、新园水。其中万泉河是海南岛第三大河，境内干流长81.2 km，集雨面积1 151.21 km^2，过境集雨面积2 532.01 km^2，万泉河年河川径流量45.78亿m^3，市境内径流量15.87亿m^3。地下水资源总量7.16亿m^3，水资源总量20.7亿m^3（不含外县流入），人均拥有水量 4 600 m^3。温泉等地温泉温度达 70℃以上。境内河流可利用落差 387 m，电能理论蕴藏量 4 万 kW·h，可能开发量 3.854 kW·h。

三、农村经济状况

新中国成立以来，全市的农村经济总收入、农村居民人均纯收入均处于连年增长的趋势，特别是十一届三中全会以来，随着农村经济改革的不断深入和科学技术的普及与推广，全市的农村经济得到了较快发展。

据琼海市国民经济和社会发展统计公报显示，2010 年全市完成生产总值 105.53 亿元，首次突破 100 亿元大关，同比增长 16.8%，高于全省平均水平 1 个百分点。其中，第一产业完成增加值 43.84 亿元，增长 5.1%。第二产业完成增加值 16.45 亿元，增长 18.7%。第三产业完成增加值 45.25 亿元，增长 29.7%。

农业完成增加值 43.84 亿元，比上年同期增长 5.1%。其中：种植业增长 4.0%，林业增长 1.0%，牧业增长 5.0%，渔业增长 11.8%，农林牧渔服务业增长 4.9%。

第三节　农业生产概况

一、农业发展历史

据考证，海南岛的原始农业起于距今 3 000 多年前新石器时代晚期。古人在河流中下游开展渔猎、耕作活动。近年来在三亚、东方、琼海、琼中等古遗址出土的工具中有石斧、石凿、石矛、石犁等。古人用这些工具砍伐森林，开发利用土地，开始了锄耕农业。

新中国成立前，由于封建土地私有制，土地、生产资料集中在少数人手里，生产力水平低下，使琼海丰富的农业资源长期得不到开发和利用，农业生产受到束缚，农民生活十分困苦。新中国成立后，党和政府高度重视农业发展，农村经过土地改革、发展农田水利事业、大搞农田基础设施建设，加上化肥、优良品种推广、病虫害综合防治等各项农业新技术的应用，农业生产有了大幅度的提高。2010 年琼海市农业增加值达到 43.86 亿元，农民人均纯收入为 5 924 元。

二、农业发展现状

改革开放以来，琼海市农田水利基本建设取得了很大的成绩，使生产条件有较大的改善。在稳定粮食生产的基础上，结合农业结构调整，积极发展反季节瓜菜生产及热带经济作物生产，因地制宜，合理调整作物布局，宜农则农，宜牧则牧，宜果则果，宜菜则菜，宜渔则渔，宜林则林，农业发展取得了很大成效。

2010 年年底，琼海市耕地总面积为 2.33 万 hm^2（农业部门统计数据，此次耕地地力评价工作以此数据为参考），其中水旱田 1.67 万 hm^2，占耕地面积的 71.67%；旱地 5 909 hm^2，占耕地面积的 25.36%。全市农作物总播种面积为 4.65 万 hm^2，粮食占播种总面积的 63.9%；蔬菜占播种总面积的 28.55%；其他占播种总面积的 7.55%。琼海市主要作物栽培面积及产量情况见表 1-1。

表 1-1 琼海市主要作物栽培面积及产量

作物				播种面积/hm^2	产量/t
粮食作物	谷物	水稻	早造水稻	10 693	52 386
			晚造水稻	13 696	59 870
	番薯			3 853	17 964
油料	花生			1 497	3 076

续表 1-1

作物		播种面积/hm²	产量/t
甘蔗		527	40 320
大豆		274	771
蔬菜		13 277	444 712
瓜类		615	28 241
水果	菠萝	4 170	91 168
	荔枝	1 651	12 676
	柑橘橙	115	1 431
	香蕉	1 216	39 365
	龙眼	94	345
	杧果	20	94
热带作物	橡胶	18 782	18 894
	椰子	6 294	4 832(万个)
	胡椒	6 718	10 472
	槟榔	11 333	25 343

第四节　耕地改良利用与生产现状

一、耕地改良与利用相结合

琼海市地形复杂，土壤类型较多。粮食产量不高，低产田面积大。因此，在水稻土的利用上应以粮食作物为主，提高单产，实行同甘蔗、花生、大豆、香蕉为主的经济作物轮作，提高复种指数，扩大豆科作物面积。旱坡地以种植橡胶、杧果、龙眼等热带水果以及槟榔、益智、海南砂仁等药用植物。与此同时，根据各类型土壤主要障碍因子进行改良，并在耕地利用与管理方面做了大量工作，使农业生产稳步持续地发展。

一是为适应机械化耕作，实行土地平整。对高低不平的田块、土堆，削高填低、截弯取直，合并田块，一律改造成0.1～0.13 hm^2 的长方形田块，基本实现了田块规格化、渠道网络化、道路车子化、高坑田梯田化。二是用大片冬闲田种紫云英、苕子、红萍和黄花苜蓿，借以提高土壤肥力，改良土壤结构。三是开展改土治水，对黏性偏大的田洋，进行掺沙入泥，改良土壤结构；对边远田、高坑田、低洼田和沿海地带的盐碱田，采取挖环山沟、环田沟、排灌沟和筑围堤等办法，达到治酸治碱、排灌分家的标准。四是提倡稻草回田，多用农家肥，防止土壤板结。五是改造旧的排灌系统，建筑永久性的排灌网络。

二、统一规划，用养结合

树立全局观念和生态观点，改变掠夺的土地经营为集约性经营，统一规划，用养结合，提高土壤资源的生产潜力。琼海市丘陵山地上的土壤分为砖红壤、赤红壤、黄壤三大土类。其特点是富铝化作用强烈，有机质和矿物受到深刻分解，SiO_2 及可溶性盐分充分淋失，富含 Al_2O_3、Fe_2O_3，土壤呈酸性。潜在养分含量很低，而若再进行掠夺性的种植，土壤将会越种越瘦。因此，应严禁破坏性刀耕火种。按坡度大于 25°的陡坡地和沿海的风沙地应种林种草放牧，并且要保护好原有次生林，不能重踏盲目扩大耕地的老路。开垦种植作物时，应统一规划成梯田化，种肥盖草，同时还须考虑到丘陵山地养分元素区域性差异特点。由于土壤对肥料需要性大，应注意补充养分，而丘陵下段宜种耐肥作物。根据这一特点，丘陵山地由下至上立体农业布局是：热带经济林与作物（橡胶、菠萝、胡椒等）—经济林（油茶、椰子、槟榔、果树）—用材林—封山育林。

三、多种经营，全面发展

坚持遵循自然规律、经济规律和社会需要的原则，多种经营，全面发展。琼海充分发挥区域比较优势，因地制宜发展农业，积极推进农业结构的战略性调整，大力发展优势特色产业，走质量效益型农业发展之路，促进农业和农村经济持续健康发展、农民收入持续稳定提高。瓜菜生产方面，引进推广优新品种和精细化品种，调整种植布局，形成“一村一品”“一洋一品”的生产格局；水果生产方面，在继续巩固珍珠石榴、香蕉生产的同时，突出抓好以大路镇为中心的莲雾产业园区、以阳江镇和中原镇为中心的火龙果产业园区、以塔洋镇为中心的柠檬产业园区建设；热作生产方面，继续抓好与科研院所的科研合作，推进琼海油茶标准化种植、加工、育苗三项技术的地方标准化制定，大力推行油茶标准园建设，努力提高单位面积产量和效益，进一步做大做强该市油茶产业。

大力开展农业品牌创建工作，依托“中国胡椒之乡”“中国火龙果之乡”“中国番石榴之乡”“中国油茶之乡”“中国莲雾之乡”等品牌，琼海持续推动品牌农业发展，进而提升“田园城市”的品质。把全市农业品牌创建工作当作一盘棋，统筹规划、精心打造，立足资源和区域优势，充分挖掘各镇最具特色的优质农产品。此外还可以通过大力打造农村农业观光，使休闲农业大步发展。依据农村农业资源特色，想方设法深入挖掘休闲功能，形成了一批具有特色的旅游乡村。

四、肥料施用情况

新中国成立前主要沿用千年的传统耕作方式，如水稻多以牛猪粪、草木灰、土杂肥和火烧土为追肥，绿肥沤制为底肥，化学肥料用量甚少。新中国成立后，政府大力推广牛猪踏肥，平均每亩 15 担，辅以少量肥田粉(即硫酸铵),主要用作追肥。1957 年后,化肥用量逐步增加。1958 年用量 2 020.6 t,年均每亩 3.65 kg。1964—1966 年,利用冬闲田种植紫云英、苕子、黄花苜蓿等绿肥,每亩底肥增加到 20 担。1967 年,化肥用量增加到 11 994 t,平均每亩 29.7 kg。1971—1979 年,利用冬闲田放养红萍,平均每亩增加有机肥 30 担。1980 年后,推广测土配方施肥,做到氮、磷、钾合理搭配,并采用增产灵、九二〇、磷酸二氢钾等根外喷施。农家肥使用逐年减少(每亩约 10 担),化肥用量大增。1985 年化肥用量增加到 1.93 万 t,年均每亩 44.1 kg。1990 年,化肥用量 2.82 万 t,年均每亩 53.1 kg。2010 年,化肥用量增加到 12.74 万 t,年均每亩 377 kg。琼海市历年化学肥料使用量情况详见表 1-2。

表 1-2 琼海市历年化学肥料使用量统计表 t

年份	合计	氮肥	磷肥	钾肥	复合肥
1975	13 821	7 135	5 981	525	380
1976	11 624	7 759	3 669	187	9
1977	13 895	9 626	4 192	52	25
1978	11 463	7 020	4 135	23	285
1979	12 963	8 840	3 885	4	234
1980	14 147	8 924	4 440	403	380
1981	10 874	7 006	3 155	366	347
1982	12 423	7 361	3 642	960	461
1983	16 081	9 184	5 292	1 281	318
1984	18 073	10 197	5 772	1 277	827
1985	19 380	10 038	6 396	1 493	1 453
1986	23 068	11 428	7 905	1 870	1 965
1987	27 445	12 497	9 372	2 048	3 528
1988	22 886	10 714	6 101	2 506	3 565
1989	25 884	11 646	5 485	4 842	3 911
1990	28 170	16 644	5 042	2 906	3 578
2010	127 373	33 793	29 212	21 502	42 867

第五节 耕地保养管理简要回顾

农业是国民经济的基础，要始终把农业放在发展国民经济的首位。要立足于适应需求和增加农民收入，着眼于农业的现代化长远发展，以加工运销为中心，加大农业和农村经济结构调整力度，提高农业整体素质和效益。把我市建设成为在全国有较强竞争力的冬季瓜菜生产基地、无公害农产品出口基地、优质海洋水产基地。近年来，随着农业产业结构调整步伐的不断加快，政府大力实施沃土计划及旱作农业技术，实施改土培肥项目，开辟肥源，增施有机肥。大量施用有机肥可以加速土壤有机质积累，改变土壤的不良性状，实现土壤细菌化，腐殖化，结构化。开展农田基本建设，以土为重点，水土林肥综合治理，建设高产稳产农田。把改良土壤、改造低产田地作为农田基本建设的重要内容，把不断改善农田主产条件，提高单位面积产量，作为加速农业发展的一项重要措施。大面积的推广测土配方施肥和秸秆还田技术，科学施肥培肥，使耕地土壤肥力逐步提高，由于琼海所处地理环境优越，没有大型的工业污染，而且防护林面积逐年增加，农业生态环境得到很大改善。特别是通过采取一系列有效措施，加大农业投入，治理整顿污染源，实施"三废"达标排放和无公害产品行动计划，禁止高浓度农药使用，并从源头抓起，努力改善产地环境，使琼海市农业生态环境依然向安全、优质、高效农业迈进。

认真贯彻落实"十分珍惜和合理利用土地，切实保护耕地"的基本国策，深化土地管理体制改革，实现土地资源的优化配置，促进土地资源的可持续开发利用。在切实保护耕地的基础上，力求保持耕地总量动态平衡，以供给制约和引导需求，统筹兼顾，综合协调，因地制宜制定各类用地总量，确保实现土地资源开发利用的经济、社会和生态环境效益的最佳统一。

第二章　耕地地力评价技术路线

以农业部《测土配方施肥技术规范》和《耕地地力评价指南》为依据，对琼海市的耕地地力进行了全面的评价，具体评价技术流程如图 2-1 所示。

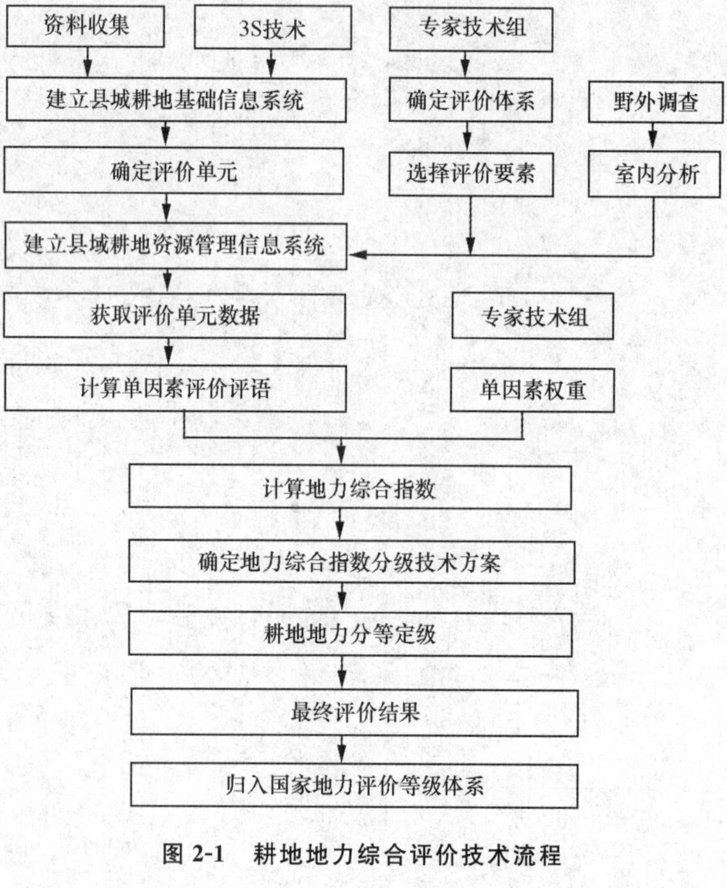

图 2-1　耕地地力综合评价技术流程

第一节 资料准备

一、图件资料准备

在进行耕地地力评价之前，收集了县级比例尺 1∶50 000 的《土壤类型分布图》《土地利用现状图》《基本农田保护区图》《农田水利分区图》《行政区划图》及其他相关图件，并分别将收集到的纸质图件矢量化，制作成数字化图件。

二、文字资料准备

收集的文字资料包括琼海市第二次土壤普查报告、基本农田保护区划统计资料和统计年鉴中涉及的近3年种植面积、粮食单产与总产、肥料使用等统计资料，以及历年土壤、植株测试资料。

第二节 技术准备

一、确定耕地地力评价因子

在选择耕地地力评价因子时应遵循以下几条原则：

(1)选取的因子对耕地生产力有较大的影响；

(2)选取的因子在评价区域内应有较大的变异，便于划分登记；

(3)同时必须注意因子的稳定性；

(4)对当前生产密切相关的因素；

(5)评价因素必须能很好地操作和有实际意义。

由以上原则，耕地地力评价因素在全国农业部行业标准的基础上，并经过在试行省的反馈，最终提出64个评价因子，并将该64个评价因子归纳为立地条件、理化性状、养分状况、土壤管理、气候条件、障碍因素、剖面构型七大类，并统一进行了量和范围描述，作为全国统一的评价因素库。

根据全国统一的评价因素库，并召集海南省知名的土壤肥料专家和技术组成员商议，选取了对本区域内变异较大，在时间序列上具有相对稳定性，因子之间独立性较强，对耕地地力有较大影响的12个评价因子。这些因子是土壤有机质、pH、有效磷、速效钾、交换镁、质地、成土母质、土壤侵蚀程度、耕层厚度、种植制度和排涝能力。琼海市耕地地力评价指标体系如表2-1所示。

表2-1 琼海市耕地地力评价指标体系

A层	B层	C层
耕层地力	土壤管理	种植制度
		排涝能力
	理化性状	速效钾
		交换性镁
		pH
		全氮
		有效磷
		有机质
	立地条件	土壤侵蚀程度
		成土母质
	剖面构型	障碍层厚度
		耕层厚度

二、确定评价单元

用矢量化好的1:50 000《土壤类型分布图》《土地利用现状图》和《行政区划图》进行空间叠加产生的图斑作为耕地地力评价单元，这样形成的评价单元空间界线及行政隶属关系明确，有准确的面积，地貌类型及土壤类型一致，利用方式及耕作方法基本相同，这样得出的评价结果不仅可应用于农业布局规划等农业决策，还可用于指导生产实际的农事操作，为测土配方施肥及实施精准农业奠定良好的基础。

第三节 耕地地力评价

一、评价依据

耕地地力评价是种综合性的多因素评价，它难以用单一因素的方法进行划定，所以就必须选定一种行之有效的方法来对其影响因素进行综合性的分析。目前评价方法很多，所选择的评价指标也不一致。以往评价方法大多人为划分其评价指标的数量级别以及各指标的权重系数，然后利用简单的加法、乘法表进行合成，这些方法简单明了，直观性强，但其正确性在很大程度上取决于评价者的专业水平。近年来，研究者们把模糊数学方法、多元统计方法以及计算机信息处理等方法引入到评价之中，通过对大量信息的处理得出较真实的综合性指标，这在较大程度上避免了评价者自身主观因素的影响。

二、评价方法

本次耕地地力评价将模糊数学方法、多元统计方法以及计算机信息处理等方法引入到评价。通过 3S 技术建立 GIS 支持下的耕地基础信息系统，对收集的资料进行系统的分析和研究，并综合应用相关分析、因子分析、模糊评价、层次分析等数学原理，结合专家经验并应用计算机拟合，插值分析等方法。

三、单元素评估及其隶属关系——模糊评价方法

模糊数学提出模糊子集、隶属函数和隶属度的概念。任何一个模糊性的概念就是一个模糊子集。在一个模糊子集中取值范围在 0～1 之间，隶属度是在模糊子集概念中的隶属程度，即作用大小的反映，一般用隶属度值来表示。隶属函数是解释模糊子集与隶属度之间的函数关系。

根据模糊数学的理论，主要有如下几种隶属函数：

(1)戒上型

$$y_i=\begin{cases}0 & u_i \leqslant u_t \\ \dfrac{1}{1+a_i(u_i-c_i)^2} & u_t < u_i < c_i \\ 1 & u_i \geqslant c_i\end{cases}$$

式中：y_i 为第 i 因素的隶属度；u_i 为观测值；c_i 为标准指标；a_i 为系数；u_i 为指标下限值。

(2)戒下型

$$y_i=\begin{cases}0 & u_i \geqslant u_t \\ \dfrac{1}{1+a_i(u_i-c_i)^2} & c_i < u_i < u_t \\ 1 & u_i \leqslant c_i\end{cases}$$

式中：y_i 为第 i 因素的隶属度；u_i 为观测值；c_i 为标准指标；a_i 为系数；u_t 为指标上限值。

(3)峰型函数模型

$$y_i = \begin{cases} 0 & u_i > u_{t1} \text{ 或 } u_i \leqslant u_{t2} \\ \dfrac{1}{1+a_i(u_i-c_i)^2} & u_{t1} < u_i < u_{t2} \\ 1 & u_i = c_i \end{cases}$$

式中：y_i 为第 i 因素的隶属度；u_i 为观测值；c_i 为标准指标；a_i 为系数；u_t 为指标限值。

(4)概念型(散点型)

此类指标与耕地地力之间是非线性关系，如地貌类型、土壤剖面构型、质地等。该类要素的评价采用特尔菲法直接给出其隶属度。

四、单因素权重的确定——层次分析法

单因素权重应用层次分析法来确定。层次分析法就是把复杂的问题按照它们之间的隶属关系排定一定的层次，再对每一层次进行相对重要性比较，最后得出它们之间的一种关系，从而确定它们各自的权重。

在确定权重时，首先要建立层次结构，对所分析的问题进行层层解剖，根据他们之间的所属关系，建立一种多层次的架构，利于问题的分析和研究。

其次是构造判断矩阵，用三层结构来分析，即目标层(A 层)、准则层(B 层)和指标层(C 层)。对于目标层 A，则要对准则层 B 中的各因素进行相对重要判断，可参照相关分析以及因子分析的结果，请专家或有实践经验的土专家分别给予判断和评估，从而得到准则层 B 对于目标层 A 的判断矩阵。同理亦可得到指标层 C 相对于各准则层 B 的判断矩阵。

再次是权重值的计算。

(1)根据判断矩阵计算矩阵的最大特征根与特征向量。

当 P 的阶数大时,可按如下"和法"近似地求出特征向量:

$$w_i = \frac{\sum_{j} P_{ij}}{\sum_{i,j} P_{ij}}$$

式中:P_{ij} 为矩阵 P 的第 i 行第 j 列的元素。即先对矩阵进行正规化,再将正规化后的矩阵按行相加,再将向量正规化,即可求得特征向量 W_i 的值。而最大特征根可用下式求算:

$$\lambda_{\max} = \frac{1}{n}\sum_{i=1}^{n}\frac{(PW)_i}{W_i}$$

式中:W_i 为 W 的第 i 个向量。

(2)一致性检验。根据公式:

$$CI = \frac{\lambda_{\max} - n}{n-1}$$

$$CR = \frac{CI}{RI}$$

式中:CI 为一致性指标,RI 为平均随机一致性指标(可通过查表求得)。若 $CR<0.1$,则说明该判断矩阵具有满意的一致性,否则应作进一步的调整。

(3)层次总排序一致性检验。根据以上求得各层次间的特征向量值(权重),求算总的 CI 值,再对 CR 作出判断。

最后计算组合权重,由指标层 C 与准则层 B 相对应的权重值相乘求得各评价因素的组合权重,即为评价指标的实际权重。

五、综合型指数计算

根据加乘法则,在相互交叉的同类采用加法模型进行综合性指数计算。

$$IFI = \sum (F_i \times C_i)$$

式中：IFI 为耕地地力综合指数；F_i 为第 i 个评价因子的隶属度；C_i 为第 i 个评价因子的组合权重。

第四节 地力等级评价因子与成果图输出

根据综合地力指数的分布，采用等矩法确定分级方案，划分地力等级，绘制耕地地力等级图。

一、基本图层的制作

基本图层包括行政区所在地图层、水系图层、道路图层、行政界线图层、等高图层、文字注记图层、土地利用图层、土壤类型图层、基本农田保护块图层、野外采样点图层等，数据来源可以通过收集图纸图件、电子版的矢量数据及通过 GIS 野外测量数据（如采样点位置），根据不同形式的数据内容分别进行处理，最终形成统一坐标、统一为 Shapefile 格式的图层文件。

（一）图件数字化

图纸图件可利用数字化仪进行人工手扶数字化或利用扫描仪和数字化软件进行数字化，数字化完后再进行坐标转换、编辑修改、图幅拼接等处理。琼海市耕地土壤图就是用第二次土壤普查时完成的 1∶50 000 土壤图通过人工手扶数字化而成。

(二)电子版矢量数据的格式转换

琼海市土地利用现状图是在 MapGIS 下制作的电子版数据,必须将其转换为 Shapefile 格式才能为耕地资源信息管理系统调用。MapGIS 下制作的土地利用现状图包括有点(地名等注记)、线(道路、水系、界线)、面(利用现状、基本农田保护块)三个图层。在转换前先进行数据分析,弄清由哪些属性值来表达不同的类型,然后利用 MapGIS 的文件转换功能对点、线、面文件转换为 Coverage 文件,再利用 ArcInfo 软件进行处理,最后生成 Shapefile 格式文件。

(三)GPS 采集的数据转换

野外采样点的位置通过 GPS 进行实地测定,将每次测定的数据保存下来,然后将这些数据传至电脑并按转换的格式要求保存为文本文件,利用 Arc/Info 软件的转换命令将其转换为 Coverage 和 Shapefile 格式文件。

(四)坐标转换

地理数据库内的所有地理数据必须建立在相同的坐标系基础上,把地球真实投影转换到平面坐标系上才能通过地图来表达地理位置信息。琼海市 1∶50 000 的地形图采用高斯-克吕格投影的参数进行投影转换成平面直角坐标系,单位为米。

二、成果图制作

(一)坡度坡向图

坡度坡向图由等高线图生成。将等高线图层转换成带高程属性的 Grid 图层，利用空间分析模块生成坡度图和坡向图，并将其转换为栅格格式。

（二）养分图

养分图包括 pH、有机质、全氮、有效磷、速效钾。利用地统计分析模块，通过空间插值方法分别生成四个养分图层。

（三）评价单元图制作

由土壤图、土地利用现状图和农田保护块图叠加生成，并对每一个多边形单元进行编号，然后将 12 个评价指标字段名添加到评价单元图数据库中。

第五节　归入全国耕地地力等级体系

依据《全国耕地类型区、耕地地力等级划分》（NY/T 309—1996），归纳整理各级耕地地力要素主要指标，形成与粮食生产能力相对应的地力等级，并将各等级耕地归入全国耕地地力等级体系。

耕地地力等级是耕地潜在生产能力的描述。耕地基础地力由耕地土壤的地形、地貌、成土母质特征，农田基础设施及培肥水平，土壤理化性状等综合构成的耕地生产能力。计算耕地潜在生产能力，需要对每一地块的潜在生产能力指标化。农业部建立了耕地地力等级与生产能力之间的关系，建立了全国统一的耕地地力等级。

分析我国耕地的最高生产能力和最低生产能力之间的差距，按 100 kg/亩的级差切割成 10 个地力等级作为全国耕地地力等级的最终指标化标准。琼海建立指标化分级和全国统一耕地地力等级的对应关系。目的在于对评价结果进行汇总，计算全国、各省及各县的耕地人口承载能力。表 2-2 为全国耕地地力等级与琼海综合指数法耕地等级对照表。

表 2-2　全国耕地地力等级与琼海综合指数法耕地等级对照表

全国等级	一	二	三	四	五
本市等级				1	2
生产能力	≥900	800～900	700～800	600～700	500～600
全国等级	六	七	八	九	十
本市等级	3	4	5		
生产能力	400～500	300～400	200～300	100 ～200	≤100

注：表中生产能力以水稻产量(kg/亩)表示。

第六节　划分中低产田类型

中低产田存在着各种制约农业生产的土壤障碍因素，产量相对低而不稳。根据土壤主导障碍及改良主攻方向，琼海市中低产田共计 7 700 hm^2，占耕地面积的 33.05%，共分为坡地梯改型、瘠薄培肥型、渍涝潜育型、干旱灌溉型(含培肥型)四种类型。

一、坡地梯改型

坡地梯改型是指通过修筑梯田梯埂等田间水保工程加以改良治理的坡耕地。坡地梯改型耕地主要障碍因子是坡度较大，地面倾斜，因此诱发水土流失、质地粗糙、干旱瘠薄等多种并发症。特殊的自然、经济社会状况，导致了土壤侵蚀、土壤贫瘠与土壤干旱，成为影响这一类型土壤农业生产的主导障碍因素。琼海市坡地梯改型耕地面积 750 hm^2，占中低产田面积的 9.74%。

坡地梯改型耕地地处海拔 200 m 左右的中低山、丘陵地带。由于坡度较大的缘故，容易造成水土流失。光山秃岭、沟壑纵横、地面支离破碎为其典型景观。造成侵蚀的主要原因，一是地形的影响。这一地区仍有较多的坡耕地，严重的土壤侵蚀多发生在坡耕地上。由于侵蚀造成耕地面积减少，耕地生产能力下降，熟化层和耕层被不断剥蚀，降低了土壤的渗透性和蓄水性，加剧了土壤的干旱程度。二是气候因素。集中的降雨和暴雨的频繁发生，加剧了土壤侵蚀。由于这一地区没有良好的生态环境，草难生存，树难存活，降雨量少而且雨量集中，春季干旱少雨，夏秋季节暴雨连连，造成渍涝灾害。而且降雨集中，许多雨水得不到充分利用，使侵蚀和干旱加剧。粮食生产只能维持在低水平种植和收获。三是人类的活动。随着人口增加，加剧了土壤的不合理开发利用，打破了自然界的生态平衡，加剧了土壤侵蚀。严重的土壤侵蚀，加剧了土壤贫瘠化，粮食产量低而不稳。

因此，土壤侵蚀是造成土壤瘠薄和干旱的根本原因。按照侵蚀程度的不同，本类型耕地分为轻度侵蚀、中度侵蚀、重度侵蚀。

二、瘠薄培肥型

瘠薄培肥型耕地是指受气候、地形等难以改变的大环境（干旱、无水源、高寒）影响，以及距离居民点远，施肥不足，土壤结构不良，养分含量低，产量低于当地高产农田，当前又无见效快、大幅度提高产量的治本性措施（如发展灌溉），只能通过长期培肥加以逐步改良的耕地。琼海市瘠薄培肥型耕地面积 1 250 hm^2，占中低产田面积的 16.23%。

琼海市瘠薄培肥型耕地主要以耕层有机质含量＜20 g/kg 来划

分。主要土种为潮泥田、红沙漏田、红赤沙泥地、黄沙田、黑沙泥田、半固定沙土等39种。由于气候、地形等大环境的影响导致土壤干旱、养分含量低、结构性差，从而影响作物正常的生长和发育，瘠薄培肥型耕地主要障碍因素就是土壤贫瘠以及所表现出来的耕层浅薄、有机质含量低、保水保肥性差等不良性状。

三、渍涝潜育型

渍涝潜育型耕地是指由于季节性洪水泛滥及局部地形低洼，排水不良，以及土质黏重，耕作制度不当引起滞水潜育现象，需加以改造的水害性稻田。琼海市渍涝潜育型耕地面积5 200 hm^2，占中低产田面积的67.53%。

琼海市渍涝潜育型耕地零星分布于全市各地的排水条件差的山坑田、峡谷田、谷底田。主要分布在低洼地区。渍涝潜育型耕地常年地下水位高，土壤潜育化或所处地势低洼，排水困难、雨季常被水淹，从而影响作物生长发育。主要划分要素状况及指标：常年地下水位高于40 cm，潜育层发育，没有良好的排水条件，或雨季连续遭淹水3 d以上，水深超过30 cm。

渍涝潜育型水稻土受地下水位的影响，具有冷、烂、毒等特征，俗称浅脚半沙坜田、烂湴田、砂泥青泥格田、乌潮泥田等。因为水分过多，水肥气热等因素不协调，土壤养分不易释放；土壤还原性物质积累多，直接危害根系，影响水稻正常生长；物理性能差，土烂泥深，耕性不良，渍涝潜育型水稻土主导障碍因素是水害，改良主攻方向是排水和降低地下水位。

四、干旱灌溉型(含培肥型)

由于降雨量不足或季节分配不合理，缺少必要的调蓄工程，以及由于地形、土壤原因造成的保水蓄水能力缺陷等原因，在作物生长季节不能满足正常水分需要，同时又具备水资源开发条件，可以通过发展灌溉加以改造的耕地。琼海市干旱灌溉型耕地面积 500 hm^2，占中低产田面积的 6.49%。

琼海市干旱灌溉型耕地主要以地下水位、地形部位以及灌溉条件等指标来作为划分依据。全市各地都有干旱灌溉型耕地零星分布。主要土属为赤土田、紫泥田、火山灰田、生泥田、黄赤土田等。

干旱灌溉（含培肥）型水稻土主要分布在丘陵山地的岗田、旁田，或地势较高的平原地区，灌溉设施不完善，经常受到干旱（主要是季节性干旱）威胁，大部分属于"望天田"，这类田多土壤质地黏重，瘠薄酸瘦，养分缺乏。主导障碍因素一是季节性干旱缺水，二是浅、黏、瘦、板（结板田），三是砂、浅、漏、瘦（砂板田）。

第七节　实验室质量控制及分析方法

一、实验室质量控制

（一）实验室内的质量控制

1. 标准溶液的校准

标准溶液分为元素标准溶液和标准滴定溶液两类。应严格按照国家有关标准配置、使用和保存。

2. 空白试验

空白值的大小和分散程度，影响着方法的检测限和结果的精密度。影响空白值的主要因素有纯水质量、试剂纯度、试液配制质量、玻璃器皿的洁净度、精密仪器的灵敏度和精密度、实验室的清洁度、分析人员的操作水平和经验等。空白试验一般平行测定的相对差值不应大于50%，同时，应通过大量的试验，逐步总结出各种空白值的合理范围。每个测试批次及重新配置药剂都要增加空白。

3.精密度控制

精密度一般采用平行测定的允许差来控制。通常情况下土壤样作20%的平行。5个样品以下作100%的平行。

平行测试结果符合规定的允许差，最终结果以其平均值报出，如平行测试结果超过规定的允许差，需再加测一次，取符合规定允许差的测定值报出。如果多组平行测试结果超过规定的允许差整批重作。

4.准确度控制

准确度一般采用标准样品作为控制手段。通常情况下，每批样品或每50个样品加测标准样品一个，其测试结果与标准样品标准值的差值，应控制在标准偏差(S)范围内。

采用参比样品控制与标准样品控制一样，但首先要与标准样品校准或组织多个实验室进行定值。在土壤测试中，一般用标准样品控制微量分析，用参比样品控制常量分析。如果标准样品(或参比样品)测试结果超差，则应对整个测试过程进行检查，找出超差原因再重新工作。此外，加标回收试验也经常用作准确度的控制。

5.干扰的消除或减弱

干扰对检测质量影响极大，应注意干扰的存在并设法排除。常采用的方法有:加入络合剂掩蔽干扰离子和采用标准加入法消除干扰。

6.准确度控制

用标样作为密码样，每年至少考核1～2次;尽可能参加上级部门组织的实验室能力验证和考核。

7.重复性控制

按不同类别随机抽取样品，制成双样同批抽查；随机抽取已检样，编成密码跨批抽查；同（跨）批抽查的样品数量应控制在样品总数的5%左右。

8.复现性控制

室内互检：安排同一实验室不同人员进行双人比对；

室间外检：分送同一样品到不同实验室，按同一方法进行检测；

方法比对：对同一检测项目，选用具有可比性的不同方法进行比对。

9.检测结果的合理性判断

检测结果的合理性判断，是质量控制的辅助手段，其依据主要来源于有关专业知识，以土壤测试为例，其合理性判断的主要依据是：

（1）土壤元素（养分含量）的空间分布规律，主要是不同类型、不同区域的土壤背景值和土壤养分含量范围；

（2）土壤元素（养分含量）的垂直分布规律，主要是土壤元素（养分含量）在不同海拔高度或不同剖面层次的分布规律；

（3）土壤元素（养分含量）与成土母质的关系；

（4）土壤元素（养分含量）与地形地貌的关系；

（5）土壤元素（养分含量）与利用状况的关系；

（6）各检测项目之间的相互关系。

检测结果的合理性判断，只能作为复验或外检的依据，而不能作为最终结果的判定依据。

（二）实验室间的质量控制

实验室间的质量控制是一种外部质量控制，可以发现系统误差和实验室间数据的可比性，可以评价实验室间的测试系统和分析能力，是一种有效的质量控制方法。

实验室间质量控制的主要方法为能力验证，即由主管单位统一发放质控样品，统一编号，确定分析项目、分析方法及注意事项等，各实验室按要求时间完成并报出结果，主管单位根据考核结果给出优秀、合格、不合格等能力验证结论。

二、土壤与植物测试方法

（一）土壤测试

1.土壤 pH

土液比 1∶2.5，电位法测定。

2.钙、镁离子

原子吸收分光光度法测定。

3.钾、钠离子

火焰光度法或原子吸收分光光度计法测定。

4.土壤有机质

油浴加热重铬酸钾氧化容量法测定。

5.土壤全氮

凯氏蒸馏法测定。

6.土壤水解性氮

碱解扩散法测定。

7.土壤全磷

氢氧化钠熔融——钼锑抗比色法测定。

8.土壤有效磷

氟化铵-盐酸浸提——钼锑抗比色法测定。

9.土壤全钾

氢氧化钠熔融——火焰光度计或原子吸收分光光度计法测定。

10. 土壤缓效钾

硝酸提取——火焰光度计或原子吸收分光光度计法测定。

11. 土壤速效钾

乙酸铵浸提——火焰光度计或原子吸收分光光度计法测定。

12. 土壤交换性钙镁

乙酸铵交换——原子吸收分光光度法测定。

13. 土壤有效硫

磷酸盐-乙酸或氯化钙浸提——硫酸钡比浊法测定。

14. 土壤有效铜、锌、铁、锰

DTPA 浸提——原子吸收分光光度法测定。

15. 土壤有效硼(必测项目)

沸水浸提——甲亚胺-H 比色法或姜黄素比色法测定。

(二)植物测试方法

1. 全氮、全磷、全钾

硫酸-过氧化氢消煮,全氮采用蒸馏滴定法测定;全磷采用钼锑抗比色法测定;全钾采用火焰光度法测定。

2. 水分

常压恒温干燥法或减压干燥法测定。

第三章　耕地土壤、立地条件与农田基础设施

第一节　耕地立地条件

立地条件即耕地土壤的自然环境条件与耕地地力直接相关的地形地貌、成土母质、水资源和水文地质。琼海市耕地土壤由于受地形、地貌、水文以及人为因素的综合影响，种类繁多，分布复杂。

一、地形地貌

琼海市背山面海，母瑞山余脉自西向东延伸而入，构成了全境地势自西向东倾斜的特点。西部和西南部为山区、半山区，面积 347.06 km^2，占 20.5%；中部和北部为台地、丘陵，面积 714.44 km^2，占 42.22%；东南部为平原地带，面积 567.15 km^2，占 33.52%。水域面积 64.32 km^2，占 3.8%。白马岭为全市最高点，海拔 1 264.4 m。万泉河自西向东流经 10 个乡镇后注入南海。

二、成土母质

母质是土壤形成的物质基础，不仅土壤的矿物质起源于母质，土

壤有机质中的矿质养分也主要来源于母质。母质是土壤发生演化的起点。在物质生物小循环的推动下，母质的表层逐渐产生肥力，从而转变成为土壤母质既是成土过程中被改造的原料，又深刻地影响成土过程。土壤往往继承了母质的某些性质，幼年土壤的继承性尤为明显。琼海市地形复杂，母岩和成土母质多样，成土母岩以花岗岩、砂页岩为主，其中花岗岩占 53.93%，砂页岩占 29.92%，河流冲积物占 1.66%，浅海沉积物占 8.78%，滨海沉积物占 4.45%，石灰岩占 1.26%。

三、潜水埋深

土壤水分、空气、养分、热量是土壤的肥力要素。土壤水分与潜水埋深关系最为密切。潜水埋深往往作为水平面土分类的依据。潜水埋深分为低位（地下水位 1～2 m）、中位（地下水位 0.6～1 m）、较高位（0.3～0.6 m）和高位（地下水位＜0.3 m）四种类型。高位的有冷底田、青底麻赤土田、青底潮沙泥田、烂湴田。中位的有冲积土田、赤土田、黄赤土田、麻赤土田、页赤土田。低位的有泥肉田、麻赤土田、潮沙泥田。

四、坡度、坡向

坡度的大小与土地的质量密切相关。坡度坡向影响土壤的水分和作物吸收太阳光能的状况。坡度大，地下水埋深变化大，处在高处的易受旱，处在低处的易受涝。向阳坡耕地上的作物吸收太阳光能强，背阳坡上作物吸收太阳光能弱，土壤和水的温度低，对作物生长不利。

耕地坡度分为平地（＜3°），平缓坡（3°～7°），缓坡（7°～15°），陡坡（15°～25°），极陡坡（25°～35°），险坡（＞35°）六级。

第二节　土壤类型及分布规律

一、土壤分类原则、依据

琼海市土壤分类是根据全国第二次土壤普查规程，参照省、地土壤工作分类方案，采用土类、亚类、土属、土种、变种五级分类制。以土壤发生学为理论指导，认真研究本市的成土条件、成土过程和土壤属性，密切联系生产实际来制定的。

土类是在一定的自然条件和人为因素综合作用下，经过一个主导或几个相结合的成土过程。具有一定相似的发生层次、土类间在性质上有明显的差异。划分时考虑：①土壤的发生类型与当地气候条件相吻合。例如：我市属热带季风气候，因垂直地带的气候不同，富铝化过程和特点不一样，形成砖红壤、赤红壤、黄壤。②由于特殊母质类型或过多的地表水或地下水活动，形成了岩成、水成、半水成土壤，如滨海盐渍沼泽土，除受水的作用外，还受水中盐分的影响形成的水成土壤。③在自然因素、人为因素的影响下，阻碍和延缓其成土过程，甚至产生另一种主导的成土过程。如水稻土就是在人为长期种植水稻，水耕熟化，改变了自然成土过程，在新的主导成土过程中产生新的土壤属性的农业土壤类型。

亚类是在土类范围内进一步划分。划分时考虑：①同一土类的不同发育阶段，在成土过程中和剖面形态上有差异。如淹育型水稻土（剖面层次 A、C 或 A、P、C）和潴育型水稻土（剖面层次 A、P、W、G 或 A、P、W、C 等），反映水耕熟化时间长短和铁锰淋溶淀积的不同阶段。②不同土类之间互相过渡，在主要成土过程中，同时产生一个附加成土过程。例如：本市地处海南岛东南部，高温多雨，年降雨量达2 100 mm以上，比其他地区多达400～500 mm，土壤含水量较高，土壤心土层呈黄棕色或黄色，故划分为黄色砖红壤亚类。

土属既是亚类的续分，又是土种的归纳。它是在区域性因素(如母岩、地形部位、水文地质、耕作影响等)的具体影响下，使综合的、总的成土因素产生了区域性的差异。例如潴育性水稻土亚类，本市划为红赤土田、黄赤土田、河沙泥田、白赤土田、潮沙泥田等土属都是根据母质划分的；泥肉田则根据耕作、肥力影响划分的。盐渍性水稻土亚类划分为咸田、咸酸田、反酸田都是根据区域性水文地质条件和化学组成划分的。黄色砖红壤亚类之所以划分黄色黄赤土、黄色黄赤土地土属，是因为它们虽然在相同母质上发育而来，但由于耕作的影响，使其产生区域性变异。

土种是土壤分类的基本单元。它是根据土壤质地、养分、水分、母岩、母质、酸碱度、盐分、土层厚度等划分的。如黄赤土田土属划分为黄赤土田、黄赤沙泥田、黄赤黏土田、乌黄赤土田、黄赤沙土田五个土种，则是根据质地和养分划分。低青泥田土属划分为潮低青泥田、黄低青泥田、白低青泥田、红低青泥田四个土种则根据母质和水分划分。咸酸田土属中轻咸酸田、重咸酸田、咸酸田土种是根据pH和盐分划分的。

变种是土种范围内根据土体中含有铁子、铁盘、砾石的部位进行划分的。

二、土壤类型及面积

根据上述的土壤分类原则和依据，第二次土壤普查报告显示，琼海市主要有水稻土、黄壤、赤红壤、砖红壤、紫色土、潮土、菜园土、滨海盐渍沼泽土、滨海砂土、沼泽土和石质土等11种土壤类型。共计

16个亚类、45个土属、105个土种，见表3-1。

表3-1　琼海市土壤分类系统及面积　　hm²

序号	土类	亚类	土属	土种	面积
1	水稻土	淹育型水稻土	生泥田	生潮泥田	11.27
2	水稻土	淹育型水稻土	浅脚红赤土田	浅脚沙土田	35.67
3	水稻土	淹育型水稻土	浅脚黄赤土田	浅脚半沙坜田	31.27
4	水稻土	潴育型水稻土	紫泥田	牛肝土田	22.53
5	水稻土	潴育型水稻土	紫泥田	紫沙泥田	24.93
6	水稻土	潴育型水稻土	炭质黑泥田	黑沙泥田	24.40
7	水稻土	潴育型水稻土	炭质黑泥田	黑泥底田	8.33
8	水稻土	潴育型水稻土	炭质黑泥田	低黑泥格田	71.40
9	水稻土	潴育型水稻土	赤土田	赤土田	424.53
10	水稻土	潴育型水稻土	赤土田	彩土田	43.33
11	水稻土	潴育型水稻土	赤土田	乌赤土田	457.13
12	水稻土	潴育型水稻土	赤土田	赤沙泥土田	288.13
13	水稻土	潴育型水稻土	黄赤土田	黄赤土田	631.33
14	水稻土	潴育型水稻土	黄赤土田	黄赤沙泥田	633.27
15	水稻土	潴育型水稻土	黄赤土田	乌黄赤土田	64.33
16	水稻土	潴育型水稻土	黄赤土田	黄赤黏土田	32.67
17	水稻土	潴育型水稻土	潮沙泥田	潮沙田	229.60
18	水稻土	潴育型水稻土	潮沙泥田	潮沙泥田	3 394.07
19	水稻土	潴育型水稻土	潮沙泥田	潮泥田	2 256.07
20	水稻土	潴育型水稻土	潮沙泥田	乌潮泥田	106.53
21	水稻土	潴育型水稻土	泥肉田	泥肉田	97.13
22	水稻土	潴育型水稻土	泥肉田	松泥田	10.47
23	水稻土	潴育型水稻土	泥肉田	赤泥肉田	76.53
24	水稻土	潴育型水稻土	泥肉田	红赤泥肉田	148.20
25	水稻土	潴育型水稻土	泥肉田	黄红赤泥肉田	103.47
26	水稻土	潴育型水稻土	红赤土田	沙土田	443.60

续表 3-1

序号	土类	亚类	土属	土种	面积
27	水稻土	潴育型水稻土	红赤土田	半沙坜田	1 937.67
28	水稻土	潴育型水稻土	红赤土田	黄土田	665.07
29	水稻土	潴育型水稻土	白赤土田	白沙土田	688.47
30	水稻土	潴育型水稻土	白赤土田	白沙泥田	3 017.40
31	水稻土	潴育型水稻土	白赤土田	白黏土田	947.33
32	水稻土	潜育型水稻土	冷底田	冷底田	28.00
33	水稻土	潜育型水稻土	冷底田	铁锈水田	39.80
34	水稻土	潜育型水稻土	乌泥底田	乌泥底田	50.33
35	水稻土	潜育型水稻土	青泥格田	沙泥青泥格田	60.20
36	水稻土	潜育型水稻土	青泥格田	赤土青泥格田	404.67
37	水稻土	潴育型水稻土	青泥格田	红赤土青泥格田	29.93
38	水稻土	潴育型水稻土	低青泥田	沙泥低青泥田	51.40
39	水稻土	潜育型水稻土	低青泥田	赤低青泥田	163.33
40	水稻土	潜育型水稻土	低青泥田	红低青泥田	336.07
41	水稻土	潜育型水稻土	低青泥田	黄低青泥田	92.33
42	水稻土	潜育型水稻土	低青泥田	白低青泥田	41.73
43	水稻土	渗育型水稻土	白鳝泥田	低白鳝泥田	25.33
44	水稻土	渗育型水稻土	滨海沙质田	黑沙泥田	16.67
45	水稻土	渗育型水稻土	滨海沙质田	黄沙泥田	158.40
46	水稻土	渗育型水稻土	滨海沙质田	白沙田	34.00
47	水稻土	渗育型水稻土	砂漏田	红砂漏田	329.07
48	水稻土	渗育型水稻土	砂漏田	白砂漏田	748.47
49	水稻土	渗育型水稻土	砂漏田	黄砂漏田	1 100.73
50	水稻土	渗育型水稻土	砂漏田	潮砂漏田	177.00
51	水稻土	沼泽型水稻土	烂湴田	烂湴田	517.67
52	水稻土	沼泽型水稻土	烂湴田	深湴田	43.27
53	水稻土	沼泽型水稻土	烂湴田	湴眼田	415.47

续表 3-1

序号	土类	亚类	土属	土种	面积
54	黄壤	黄壤	砂页岩黄壤	厚有机质层厚层砂页岩黄壤	206.73
55	赤红壤	黄色赤红壤	花岗岩黄色赤红壤	厚有机质层厚层花岗岩黄色赤红壤	53.33
56	赤红壤	黄色赤红壤	砂页岩黄色赤红壤	厚有机质层厚层砂页岩黄色赤红壤	520.87
57	砖红壤	砖红壤	玄武岩砖红壤	厚有机质层厚层玄武岩砖红壤	90.87
58	砖红壤	砖红壤	玄武岩砖红壤	中有机质层厚层玄武岩砖红壤	90.20
59	砖红壤	砖红壤	玄武岩赤土地	赤泥地	1 440.33
60	砖红壤	黄色砖红壤	玄武岩黄色砖红壤	薄有机质层厚层玄武岩黄色砖红壤	123.33
61	砖红壤	黄色砖红壤	玄武岩黄色砖红壤	中有机质层厚层玄武岩黄色砖红壤	2 824.07
62	砖红壤	黄色砖红壤	玄武岩赤土地	赤泥地	4 564.47
63	砖红壤	黄色砖红壤	玄武岩赤土地	赤沙地	171.33
64	砖红壤	黄色砖红壤	玄武岩赤土地	赤黏土地	1 305.60
65	砖红壤	黄色砖红壤	浅海沉积物黄色砖红壤	厚有机质层厚层浅海沉积物黄色砖红壤	1 318.07
66	砖红壤	黄色砖红壤	浅海沉积物黄色砖红壤	薄有机质层厚层浅海沉积物黄色砖红壤	2 095.27
67	砖红壤	黄色砖红壤	浅海沉积物黄色砖红壤	中有机质层厚层浅海沉积物黄色砖红壤	1 811.00
68	砖红壤	黄色砖红壤	黄赤土地	黄赤沙地	667.40
69	砖红壤	黄色砖红壤	黄赤土地	黄赤沙泥地	311.33
70	砖红壤	黄色砖红壤	花岗岩黄色砖红壤	厚有机质层厚层花岗岩黄色砖红壤	5 794.07
71	砖红壤	黄色砖红壤	花岗岩黄色砖红壤	薄有机质层厚层花岗岩黄色砖红壤	1 628.73
72	砖红壤	黄色砖红壤	花岗岩黄色砖红壤	薄有机质层中层花岗岩黄色砖红壤	19.33

续表 3-1

序号	土类	亚类	土属	土种	面积
73	砖红壤	黄色砖红壤	花岗岩黄色砖红壤	薄有机质层薄层花岗岩黄色砖红壤	183.33
74	砖红壤	黄色砖红壤	花岗岩黄色砖红壤	中有机质层厚层花岗岩黄色砖红壤	6 953.47
75	砖红壤	黄色砖红壤	花岗岩黄色砖红壤	中有机质层薄层花岗岩黄色砖红壤	43.00
76	砖红壤	黄色砖红壤	花岗岩黄色赤土地	红赤泥地	3 647.87
77	砖红壤	黄色砖红壤	花岗岩黄色赤土地	红赤沙泥地	11 786.87
78	砖红壤	黄色砖红壤	花岗岩黄色赤土地	砂仔地	99.33
79	砖红壤	黄色砖红壤	砂页岩黄色砖红壤	厚有机质层厚层砂页岩黄色砖红壤	6 260.14
80	砖红壤	黄色砖红壤	砂页岩黄色砖红壤	薄有机质层厚层砂页岩黄色砖红壤	4 173.94
81	砖红壤	黄色砖红壤	砂页岩黄色砖红壤	薄有机质层薄层砂页岩黄色砖红壤	85.33
82	砖红壤	黄色砖红壤	砂页岩黄色砖红壤	中有机质层厚层砂页岩黄色砖红壤	12 093.54
83	砖红壤	黄色砖红壤	砂页岩黄色赤土地	黄红赤赤土沙地	11 141.07
84	砖红壤	黄色砖红壤	砂页岩黄色赤土地	沙泥地	12 665.94
85	紫色土	酸性紫色土	酸性紫色土	中有机质层厚层酸性紫色土	31.00
86	紫色土	酸性紫色土	酸性牛肝地	牛肝土地	29.80
87	紫色土	酸性紫色土	酸性牛肝地	铁子牛肝地	7.33
88	菜地	菜地	菜地	菜地	25.13
89	菜地	菜地	菜塘	菜塘	2.67
90	潮土	潮沙泥土	潮沙泥土	潮沙土	652.40
91	潮土	潮沙泥土	潮沙泥土	潮沙泥土	527.13
92	潮土	潮沙泥土	潮沙泥土	潮泥土	21.20
93	潮土	潮沙泥土	潮沙泥土	潮石砾土	281.87
94	潮土	潮沙泥土	潮沙泥地	潮沙地	98.67

续表 3-1

序号	土类	亚类	土属	土种	面积
95	潮土	潮沙泥土	潮沙泥地	潮沙泥地	1 216.33
96	潮土	潮沙泥土	潮沙泥地	潮泥地	11.40
97	滨海盐土	滨海盐渍沼泽土	滨海泥滩	滨海泥滩	58.20
98	滨海盐土	滨海盐渍沼泽土	滨海草滩	滨海草滩	29.33
99	滨海盐土	滨海盐渍沼泽土	滨海林滩	滨海林滩	66.67
100	滨海沙土	滨海沙土	滨海沙土	固定沙土	1 386.33
101	滨海沙土	滨海沙土	滨海沙土	半固定沙土	95.00
102	滨海沙土	滨海沙土	滨海沙土地	滨海沙土地	106.93
103	沼泽土	沼泽土	沼泽土	沼泽土	61.53
104	石质土	石质土	石质土	砂页岩石质土	475.60
105	石质土	石质土	石质土	石英变质岩石质土	48.67

三、各土类概况

(一)水稻土

水稻土为琼海市主要耕作土壤，主要由滨海沉积物、浅海沉积物、河流冲积物、花岗岩及砂页岩风化物母质发育的自然土经过人们水旱耕作演变形成。本市水稻土划分为淹育型、潴育型、潜育型、渗育型、沼泽型 5 个亚类、16 个土属、53 个土种。

1.淹育型水稻土

淹育型水稻土总面积 78.2 hm^2，占水稻土面积 0.36%。零星分散在文市、烟塘、石壁等乡镇丘陵地带。田块高、水源缺，多是单造田或番薯田。由于水耕熟化时间不长，土体发育尚欠完善，犁底层尚未形成或较薄。剖面构型为 A—C，或 A—(P)—C。

2.潴育型水稻土

潴育型水稻土面积1.68万hm^2，占水稻土面积的77.06%。分布广，各乡镇均占有一定面积，是水稻土中理化性质较为理想的土壤类型。是我市面积最大，分布最广的水稻土。由于耕作时间长，排灌条件好，土壤长期在水旱交替耕作和施肥影响下，不断进行着有机质的合成和分解，氧化和还原，淋溶和淀积，促使土壤形态的改变，犁底层下形成一层较明显的铁锈斑纹，铁锰结核。土壤剖面层次完整。部分水田潴育层之下，出现潜育层，但低于60 cm，对水稻生长无影响。其基本剖面构型为A—P—W—C。

3.渗育型水稻土

渗育型水稻土面积2 589.67 hm^2，占水稻土面积的11.88%。分布在长坡、福田、中原、塔洋、泮水等12个乡镇，为丘陵地田埇田和沟谷田，土壤质地偏沙，长期受侧向渗水漂洗，铁锰离子严重损失，形成一层灰白色土层。是水稻土中养分含量最低的土壤。其基本剖面构型为A—P—E—C，A—P—E—W—C。

4.潜育型水稻土

潜育型水稻土面积1 297.8 hm^2，占水稻土面积5.95%。主要分布在长坡、中原、大路、泮水、塔洋、温泉、上埇等乡镇。地下水位高，土壤酸性强，作物长势差。主要分布在地势较低洼，排水不良，地下水位高的地带。犁底层下受水浸渍，长期处于还原状态，亚铁反应强烈，出现黑灰色或灰蓝色的还原层。土壤湿闭，通透性差，毒酸物质积累较多，水稻常出现黑根现象。土壤一般潜养分较高，而有效养分较低，钾素奇缺。其基本剖面构型为A—P—G—C，A—P—G—W—C，A—P—W—G。

5.沼泽型水稻土

沼泽型水稻土面积976.4 hm^2，占水稻土面积的4.48%。分布在大路、烟塘、石壁、塔洋、泮水、阳江、长坡、上埇、温泉等乡镇。地下水位高，长期渍水，土体糊烂，通透性差，还原物质多，土壤层次不明显，其基本剖面构型为 A—G。土质呈酸性，潜在养分高，有效养分低，作物产量中等。

(二)黄壤

琼海市黄壤面积 206.73 hm^2，占土地总面积的 0.12%。主要分布在白马岭 800 m 以上的山坡上。土层深厚，土壤呈酸性，有机质丰富。由砂页岩风化物母质发育而成。分布在 800 m 以上的山区，因雨量充沛、云雾多湿度大、日照少，干湿季节不明显，植被为常绿阔叶林和热带雨林。成土母质风化作用强烈，成土过程主要特点是土体中的氧化铁高度水化，使土体变成黄色，在剖面中有一个较明显的黄化层。

(三)赤红壤

全市赤红壤面积 574.2 hm^2，占土地总面积的 0.34%。分布在会山镇境内的白马岭和团岭 500～800 m 的低山地带。土层深厚，多为壤土，呈酸性，有机质含量中等。

主要由花岗岩、砂页岩的残积物或坡积物发育而成。主要分布在海拔 500～800 m 的山地。植被为热带山地雨林和季雨林，原始森林被破坏，被次生林或人工林和草丛所取代。其水分条件低于黄壤而高于砖红壤，是砖红壤和黄壤过渡土类，土层发育完整，层次分明，剖面构型为 A—AB—B—BC—C。由成土母质的不同，该土类分为花岗岩和砂页岩赤红壤 2 个土属。

(四)砖红壤

砖红壤是琼海市主要土类之一，分布遍及全市各乡(镇)，面积

9.34 万 hm^2，占土地总面积的 54.61%。集中分布在大路、烟塘、泮水等乡镇。土壤呈酸性。主要分布在 50 m 以上至 500 m 以下的台地、丘陵和山地岭脚。植被为热带季雨林或次生灌木林。成土母质为玄武岩、花岗岩、浅海沉积物和砂页岩风化物，一般土层深厚，质地较砂，呈酸性。由于气候、植被和土壤发育程度差异，砖红壤分为砖红壤和黄色砖红壤 2 个亚类，10 个土属，28 个土种。

（五）紫色土

全市紫色土面积 68.13 hm^2，占土地总面积的 0.04%。零星分布于朝阳、会山等地。由紫色砂页岩发育而成，紫色土仅有酸性紫色土一个亚类，土壤呈酸性，保水保肥中等。

（六）菜园土类

全市菜园土面积 27.8 hm^2，占土地总面积的 0.02%。零星分布于嘉积、塔洋、石壁、大路等地，是人为耕作高度熟化了的土壤，呈酸性，团粒结构好，有机质含量养分低，速效养分高。

（七）潮土

全市潮土面积 2 809 hm^2，占土地总面积的 1.64%。分布于万泉河、九曲江及其支流沿岸，灌溉条件比其他旱地好，剖面层次明显，土层深厚，质地接近沙土到重壤土，肥力较低，呈酸性。易耕作，适种性广，通透性强，保水保肥性稍差，供肥有前劲，但是养分低、易脱肥，要勤施肥，作物才生长旺盛。本土类仅有潮砂泥土 1 个亚类，2 个土属。

（八）滨海盐渍沼泽土

滨海盐渍沼泽土面积 154.2 hm^2，占土地总面积的 0.09%。主要分布于潭门、九曲江、长坡、博鳌等沿海地带。由滨海沉积物母质发育而成，常受海潮浸泡，含盐 0.1%以上，土层深，呈酸性。本土类只有盐渍沼泽土 1 个亚类，3 个土属。

(九)滨海沙土

滨海沙土面积 1 588.27 hm^2，占土地总面积的 0.93%。分布于长坡、潭门、博鳌等沿海地带的海成阶地。土壤沙性大，质地松沙，呈酸性，较瘦瘠。成土母质为滨海沉积物。该土类分布于海滩平原，母质为浅海沉积物，由于成土时间短，生物活动弱，养分含量极低，一般中性偏碱，没有明显剖面层次。本土类只有滨海沙土 1 个亚类，2 个土属。

(十)沼泽土

全市沼泽土面积 61.53 hm^2，占土地总面积的 0.04%。零星分布于塔洋、福田、九曲江和中原等乡镇。地势低洼，长期渍水，土壤处于还原状态，亚铁反应高，呈酸性。本土类只有沼泽土 1 个亚类，1 个土属，1 个土种。

(十一)石质土

石质土面积 524.27 hm^2，占土地总面积的 0.31%，分布于长坡镇、九陆江乡和万宁市交界处的尖岭。土质浅薄，母岩外露，土层中含大量母岩碎块，利用困难。本土类只有石质土 1 个亚类，1 个土属，2 个土种。

第三节　农田基础设施状况

改革开放以来，琼海市特别重视农田水利设施建设，农业的基础地位得到进一步加强，先后建成了中型水库7宗，小(一)型27宗，小(二)型69宗，山塘蓄水62宗，总库容2.5亿m^3，集雨面积480 km^2。还建成中型引水工程3宗，小型引水工程20宗。引水流量8.27 m^3/s，有效灌溉面积1.22万hm^2，其中旱涝保收面积7 992.4 hm^2，机电灌溉面积1 598.87 hm^2。本次调查显示，42.4%的耕地旱涝保收。易旱面积6 710.73 hm^2，易涝面积3 380.47 hm^2。

一、防洪设施

(1)20世纪70年代建成的牛路岭水电站大坝，加积万泉河大坝，兼防洪、蓄洪、灌溉、发电效益，解除了下游涝灾，受益面积3.33万hm^2。

(2)九曲江新河道排涝沿河工程建成，受益面积400 hm^2。

(3)培兰至潭门日新总长23 km的江海防洪大堤，在台风季节，可有效阻拦河水上涨，可消除中原、博鳌镇沿河农田涝害。

二、抗旱设施

1.蓄水工程

琼海市主要水库库容，灌溉面积情况见表3-2。

表3-2　琼海市灌溉面积达千亩以上水库情况统计

水库名称	类型	库容/万m^3	灌溉面积/hm^2
文岭水库	中型	2 626	973.33
美蓉水库	中型	2 050	520.00
中平仔水库	中型	2 680	800.00
南塘水库	中型	2 880	866.67
官墓水库	中型	2 620	400.00
合水水库	中型	3 240	1 013.33
石合水库	中型	2 960	400.00
陈占水库	小(一)型	350	220.00

续表 3-2

水库名称	类型	库容/万 m^3	灌溉面积/hm^2
七星水库	小(一)型	746	153.33
龙西水库	小(一)型	324	200.00
石壁水库	小(二)型	172	93.33
文仔水库	小(一)型	330	80.00
南平水库	小(二)型	127	83.33
兰山水库	小(二)型	227	113.33
新村下沟水库	小(二)型	156	80.00
长岭水库	小(一)型	301	133.33
红色水库	小(一)型	243	100.00
苏南水库	小(二)型	144	93.33
龙塘水库	小(二)型	180	86.67
三顶弯水库	小(一)型	223	166.67
红英水库	小(一)型	390	93.33
南牛水库	小(二)型	82	106.67

2. 引水工程

琼海市有中型引水工程 3 宗，小型引水工程 7 宗。引水工程有效灌溉面积达 4 万亩。还有各水库，引水工程配套干、支渠 568 条，总长度 1 100 km。

引水工程受益千亩以上工程情况统计如表 3-3 所示。

表 3-3　引水工程受益千亩以上的工程情况统计

引水工程名称	类型	流量/(m^3/s)	灌溉面积/hm^2
泮水水闸	中型	1.5	526.67
苦楝头水闸	中型	2	666.67
壮岸水闸	中型	1	333.33
雷公滩水闸	小型	0.2	93.33
大礼水闸	小型	0.3	166.00

续表 3-3

引水工程名称	类型	流量/(m^3/s)	灌溉面积/hm^2
白石溪水闸	小型	0.2	119.33
红旗水闸	小型	0.4	88.00
南塘水闸	小型	0.3	163.33
潭门汪洋水闸	小型	0.3	110.67
万泉响风水闸	小型	0.25	96.67

3.提水工程

全市大面积农田已普遍实现水利渠道自流灌溉。提水工程主要分布在万泉河、九曲江、塔洋河等一些小河沿岸。共有机电排灌站371宗,装机容量4 763 W。有效灌溉面积1 598.87 hm^2。

三、中低产田改造

琼海市耕地有障碍因素的低产田4 039.67 hm^2,其中渗育型水稻田2 070.67 hm^2,潜育、沼泽型水稻田1 969 hm^2。主要分布在长坡、万泉、中原、大路、加积、阳江、石壁、会山镇的土坑田和低洼地上。曾采用挖"三沟",排"五水"的办法治理过,效果很好。例如塔洋镇红庄奇石甬,有深烂渍水田25.33 hm^2,采用挖"三沟"的办法治理,如今已改造成稻—蔬菜—果蔗、香蕉轮作地。本次调查已证实,昔日的潜育型水稻土,已正逐渐向潴育型水稻土转变。

2010年,琼海市改造中低产田2 000 hm^2,建设高标准农田面积1 433 hm^2。涉及4个镇,即长坡镇、大路镇、塔洋镇及阳江镇,共22个村委会,项目区整治田洋的地形地貌复杂,既有丘陵地区深脚、地下流沙大、涌泉多贫瘠的山埇田块,又有在水库坝下渗水流量大、石头多且黏重深脚的田洋等。

2010年度农田整治工程建设任务完成情况如下:①灌溉系统工程。支斗渠开挖及硬化110条95.38 km,农毛灌渠开挖及硬化

93.76 m，开挖标准土渠 1.62 km。②排水系统工程。总排沟、斗排、农排完成 74 条 55.91 km，硬化 43.53 km，标准土渠完成 12.38 km。③田间路网工程。填筑汽机经济/农业 184 路、手扶路 35 条 25.68 km。④土地平整与田块分格，完成平整分格 146.67 hm^2。⑤配套建筑物 8 368 宗。增加灌溉面 253.33 hm^2，改善灌溉面积 933.33 hm^2，新增除涝面积 333.33 hm^2，改善除涝面积 746.67 hm^2，新增节水灌溉面积 1 133.33 hm^2，增加机械耕作面积 533.33 hm^2，新增农机总动力 0.1 万 kW·h，扩大良种种植面积 1 666.67 hm^2。

第四章　耕地土壤属性

第一节　有机质及大量元素

土壤养分是土壤肥力的核心部分,全面客观地评价农田土壤的实际养分水平是科学施肥的依据。本次分析是依据国家耕地地力评价项目要求,对海南省琼海市 12 个乡镇的 1 949 个土样进行分析。其分析处理数据为农户施肥提供了依据。主要测定结果如表 4-1 所示。

表 4-1　琼海市各乡镇土壤养分状况

地点	测定项目					
	采样数	pH	有机质 /(g/kg)	碱解氮 /(mg/kg)	有效磷 /(mg/kg)	速效钾 /(mg/kg)
博鳌	131	5.2	24.3	137.5	55.0	45.0
长坡	239	5.0	21.9	136.0	46.9	38.2
大路	264	5.1	31.0	178.3	13.3	56.7
会山	52	4.7	26.7	152.0	7.4	31.9
加积	220	5.0	27.9	171.1	20.2	54.3
龙江	104	5.0	25.7	174.1	14.5	64.4
石壁	94	4.8	27.2	191.9	18.5	79.3

续表 4-1

地点	测定项目					
	采样数	pH	有机质 /(g/kg)	碱解氮 /(mg/kg)	有效磷 /(mg/kg)	速效钾 /(mg/kg)
塔洋	161	4.6	24.8	159.1	112.5	117.4
潭门	149	5.0	23.1	144.2	75.7	51.5
万泉	181	4.7	27.6	184.2	17.6	46.8
阳江	151	4.6	31.1	184.2	13.8	33.1
中原	203	4.8	30.9	189.5	28.9	58.1
标准差	—	0.2	3.1	20.3	31.8	23.4
变异系数	—	4.1	11.5	12.2	90.0	41.5

一、土壤有机质含量

土壤有机质含量多少是土壤肥力高低的一项重要指标。土壤有机质不仅是土壤中各种营养元素特别是 N、P 的重要来源，而且土壤有机质使土壤具有保肥力和缓冲性，从而改善土壤的物理性质。此次全市共采集以水稻土为主的耕地土壤样本 1 949 个。分析结果耕层土壤有机质含量范围在 3.1～70.8 g/kg，平均为 27.1 g/kg，标准差 9.7，变异系数 35.7%，见表 4-2。

表 4-2　琼海耕地土壤有机质含量状况　　g/kg

含量分级	含量	样次	频率/%	平均值(27.1)
一级	＞40	166	8.52	46.7
二级	30～40	531	27.24	34.0
三级	20～30	823	42.23	25.1
四级	10～20	371	19.04	16.0
五级	6～10	46	2.36	8.2
六级	＜6	12	0.62	4.7

按照第二次土壤普查养分分级标准分级(表 4-2),达 2～4 级标准的有 1 725 个,占 88.51%,其中四级的占 19.04%,而达二级和三级标准分别占 27.24%和 42.23%。根据土壤样品的结果可知,琼海市各乡镇中,土壤有机质含量最高的为阳江镇,其耕地耕层土壤有机质含量为 31.1 g/kg,而长坡镇含量最低,为 21.9 g/kg,各乡镇之间土壤有机质含量均值的标准差为 3.1,其变异系数为 11.5%,从其标准差和变异系数来看,琼海 12 个乡镇间的土壤有机质含量差异不显著。按土壤养分分级标准(表 4-2)对琼海土壤有机质含量进行分级,其平均值为土壤三级标准,含量最高的阳江镇属于二级标准,含量最低的长坡镇属于四级标准;全部样品分析结果表明,大部分处于第二、三、四等级,第二等级的占 27.24%,第三等级的占 42.23%,第四等级为 19.04%。依据海南土壤丰缺指标分级,所分析的 1 949 个土样中,有 2.98%属于有机质缺乏,35.76%属于丰,61.26%属于中间水平;可见,琼海市耕地土壤有机质含量属中等偏上水平(表 4-3)。

表 4-3　不同土种耕地土壤有机质含量状况　　g/kg

土种	最小值	最大值	平均值	标准差	变异系数/%
半固定沙土	25.7	25.7	25.7		
半沙坜田	8.8	44.9	24.1	7.3	30.3
涖眼田	18.3	36.6	26.5	5.7	21.5
滨海林滩	15.2	15.2	15.2		
滨海泥滩	18	26.3	22.2	5.9	26.5
薄厚花岗岩黄色砖红壤	5.6	44.4	21.8	8.8	40.5
薄厚浅海沉积物黄色砖红壤	5.1	21.1	15.0	7.0	46.9
薄厚砂页岩黄色砖红壤	14.8	36	28.1	9.6	34.3
薄厚玄武岩黄色砖红壤	21.92	21.92	21.9		
彩土田	13.6	42.8	29.0	7.5	25.8
潮泥田	7.8	48.8	26.9	8.4	31.4

续表 4-3

土种	最小值	最大值	平均值	标准差	变异系数/%
潮泥土	37.9	37.9	37.9		
潮沙地	7.8	48.1	26.6	12.5	46.9
潮沙泥地	21.9	34.8	28.3	4.1	14.5
潮沙泥田	9.9	51.3	28.5	9.2	32.1
潮沙泥土	37	37	37.0		
潮沙沙漏田	3.6	28.1	20.3	9.9	48.7
潮沙田	13.4	51.8	30.7	8.4	27.4
潮石砾土	17.1	17.1	17.1		
赤泥地	14	24.9	20.1	4.5	22.5
赤泥肉田	8.3	32.7	22.3	7.7	34.5
赤沙地	34.8	34.8	34.8		
赤沙泥土田	12	38.2	27.4	6.4	23.5
赤土低青泥格田	15.2	30.3	22.8	10.7	46.9
赤土青泥格田	23.3	23.3	23.3		
赤土田	9.6	48	28.1	8.7	31.0
赤黏土地	17.3	32.4	23.5	7.9	33.6
低黑泥格田	9.6	52.2	29.0	10.9	37.6
固定沙土	8.5	40.6	22.4	13.1	58.5
黑泥底田	10.7	47.5	28.3	7.8	27.5
黑沙泥田	5.3	50.2	29.6	12.3	41.7
红赤泥肉田	11.4	50	28.4	9.3	32.8
红赤沙泥地	4.8	62.4	27.2	8.6	31.6
红赤土低青泥格田	7.6	39.2	18.3	9.3	51.0
红赤土青泥格田	17.8	17.8	17.8		
红沙漏田	14.3	22.7	17.6	2.7	15.3
厚厚花岗岩黄色赤红壤	21.2	21.2	21.2		
厚厚浅海沉积物黄色砖红壤	18.1	42	29.3	6.0	20.5
厚厚砂页岩黄色砖红壤	25.8	33.7	29.8	5.6	18.8
黄赤沙地	12.2	35.4	24.2	9.1	37.6

续表 4-3

土种	最小值	最大值	平均值	标准差	变异系数/%
黄赤沙泥地	18.1	18.1	18.1		
黄赤沙泥田	6.3	41.2	26.6	8.2	31.0
黄赤土低青泥格田	18.1	32	24.5	5.1	20.9
黄赤土田	10.9	43	27.1	8.5	31.2
黄赤黏土田	8.4	59.7	28.0	8.7	31.1
黄红赤泥肉田	12.4	42.7	28.1	9.6	34.2
黄红赤土沙地	13.8	20.3	17.1	4.6	27.0
黄红沙漏田	13.3	33.2	20.7	7.5	36.1
黄沙漏田	8.9	36.4	19.6	8.3	42.2
黄沙田	16	27.5	21.8	4.2	19.1
黄土田	5.6	32.6	22.6	6.3	27.9
烂湴田	18.4	35.7	25.4	6.0	23.6
冷底田	23.0	23.0	23.0		
泥肉田	17.8	40.6	29.4	8.1	27.5
牛肝土田	10.5	68.9	28.4	10.0	35.1
沙泥地	14.8	45.7	29.6	7.8	26.3
沙泥土田	14	35.5	25.4	7.5	29.5
沙土田	9	43.1	23.5	10.3	43.7
砂泥低青泥格田	17.8	39.6	27.1	9.5	34.9
砂泥青泥格田	28.6	38.3	32.0	4.4	13.7
砂仔地	19.5	24.1	21.9	2.3	10.5
石英变质岩石质土	6.4	28.5	17.6	8.8	50.0
松泥田	18.9	38.8	29.9	5.7	19.0
铁锈水田	26.9	26.9	26.9		
乌潮泥田	16.6	34.4	26.3	5.0	18.8
乌赤土田	15.6	50.7	30.6	7.6	24.9
乌黄赤土田	7.2	59.8	27.5	8.6	31.5
乌泥底田	10.7	30.5	22.2	8.6	38.8

续表 4-3

土种	最小值	最大值	平均值	标准差	变异系数/%
沼泽土	21.8	28.8	26.3	3.9	14.8
中厚花岗岩黄色砖红壤	10.6	36.7	24.6	7.4	30.2
中厚浅海沉积物黄色砖红壤	11.1	36.1	23.2	7.9	34.1
中厚砂页岩黄色砖红壤	10.8	54.5	26.9	11.0	40.8
中厚玄武岩黄色砖红壤	13.1	45.7	26.2	10.8	41.1
中有机质层厚层玄武岩砖红壤	37.2	37.2	37.2		
紫沙泥田	14.8	46.2	28.9	7.3	25.2

本次调查表明，不同土种耕地耕层土壤有机质的变化较大，潮泥土的土壤有机质含量水平最高，其平均含量为 37.9 g/kg，而含量最低的薄厚浅海沉积物黄色砖红壤仅为 15.0 g/kg。

二、土壤氮素含量

土壤碱解氮的平均含量的 167.3 mg/kg，其变幅范围为 17.2～391.6 mg/kg，全市 12 个乡镇的标准差为 20.3，变异系数为 12.2%，分析结果表明其变化幅度不大，其中以石壁镇碱解氮含量最高，其含量为 191.9 mg/kg，而长坡镇含量最低，仅为 136 mg/kg，从表 4-1 可知，碱解氮含量均值超过 150 mg/kg 的乡镇还有会山、塔洋、加积、龙江大路、万泉、阳江和中原镇，潭门和博鳌镇的碱解氮含量虽然低于 150 mg/kg，但其均值也相对较高，分别为 144.2 mg/kg 和 137.5 mg/kg。

按土壤养分分级标准(表 4-4)，琼海市土壤碱解氮含量为上等水平，第一等级比例为 61.52%，第二、三等级分别占 20.68% 和 10.42%，第四到第六等级所占比例之和仅为 7.39%。琼海的农田耕层土壤碱解氮含量高于 120 mg/kg 的比例大于 90%，故该市农田耕层土壤碱解氮含量丰富，其含量为上等水平。

表 4-4　琼海耕地土壤碱解氮含量状况　　mg/kg

含量分级	含量	样次	频率/%	平均值(167.3)
一级	>150	1199	61.52	200.5
二级	120～150	403	20.68	134.9
三级	90～120	203	10.42	105.7
四级	60～90	103	5.28	76.8
五级	30～60	37	1.90	47.0
六级	<30	4	0.21	23.5

不同的土种碱解氮含量差异性较大(表 4-5),中有机质层厚层玄武岩砖红壤碱解氮含量最高,其含量均值达 242.6 mg/kg,薄厚浅海沉积物黄色砖红壤的碱解氮含量均较低,其含量均值为 92.8 mg/kg。

表 4-5　不同土种耕地土壤碱解氮含量状况　　mg/kg

土种	最小值	最大值	平均值	标准差	变异系数/%
半固定沙土	156.3	156.3	156.3		
半沙坜田	60.1	299.6	151.8	45.9	30.2
湴眼田	128.1	242.6	175.0	31.4	17.9
滨海林滩	95.4	95.4	95.4		
滨海泥滩	98.7	186.5	142.6	62.1	43.5
薄厚花岗岩黄色砖红壤	34.3	276.3	139.4	57.8	41.5
薄厚浅海沉积物黄色砖红壤	36	133.8	92.8	39.7	42.8
薄厚砂页岩黄色砖红壤	109	215.3	175.2	46.3	26.5
薄厚玄武岩黄色砖红壤	105.7	105.7	105.7		
彩土田	102.1	306.4	187.2	52.1	27.8
潮泥田	68.1	353.2	174.8	54.9	31.4
潮泥土	212.8	212.8	212.8		
潮沙地	59.6	289.4	163.8	68.7	42.0
潮沙泥地	124.1	208.5	177.2	31.2	17.6
潮沙泥田	86.7	289.4	181.6	53.0	29.2

续表 4-5

土种	最小值	最大值	平均值	标准差	变异系数/%
潮沙泥土	216.2	216.2	216.2		
潮沙沙漏田	29.8	195.8	144.5	67.3	46.6
潮沙田	91	330.3	198.9	47.6	23.9
潮石砾土	93.7	93.7	93.7		
赤泥地	93.6	151.6	122.6	27.1	22.1
赤泥肉田	51.1	191.5	139.4	42.6	30.5
赤沙地	212.8	212.8	212.8		
赤沙泥土田	63.8	238.3	170.4	41.0	24.0
赤土低青泥格田	125.7	167.7	146.7	29.7	20.2
赤土青泥格田	151.2	151.2	151.2		
赤土田	67.2	319.2	174.9	51.8	29.6
赤黏土地	96.8	162.7	128.4	33.0	25.7
低黑泥格田	76.6	302.2	181.3	58.4	32.2
固定沙土	53.6	253.7	140.4	76.3	54.3
黑泥底田	106.4	370.3	182.3	56.0	30.7
黑沙泥田	34.9	361.8	184.0	71.8	39.0
红赤泥肉田	68.1	293.7	178.8	54.4	30.4
红赤沙泥地	17.2	377.6	175.8	56.6	32.2
红赤土低青泥格田	53.2	235.7	111.7	57.7	51.6
红赤土青泥格田	98.6	98.6	98.6		
红沙漏田	92.8	156	115.9	20.1	17.3
厚厚花岗岩黄色赤红壤	157.1	157.1	157.1		
厚厚浅海沉积物黄色砖红壤	120.7	257.9	166.6	40.3	24.2
厚厚砂页岩黄色砖红壤	149.6	195.8	172.7	32.7	18.9
黄赤沙地	100.7	205.7	151.0	39.1	25.9
黄赤沙泥地	116.7	116.7	116.7		
黄赤沙泥田	42.6	306.4	163.3	48.9	30.0

续表 4-5

土种	最小值	最大值	平均值	标准差	变异系数/%
黄赤土低青泥格田	106.5	198.3	139.9	37.7	26.9
黄赤土田	72.3	246.8	161.9	44.4	27.4
黄赤黏土田	69	334.5	177.1	54.7	30.9
黄红赤泥肉田	81.3	264.7	178.2	55.2	31.0
黄红赤土沙地	126	130.2	128.1	3.0	2.3
黄红沙漏田	70.6	202.6	129.8	42.2	32.5
黄沙漏田	46.8	251.1	130.5	56.9	43.6
黄沙田	89.4	173.1	135.8	31.9	23.5
黄土田	30	212.8	139.5	36.6	26.3
烂湴田	120.7	210.2	162.5	32.5	20.0
冷底田	125.4	125.4	125.4		
泥肉田	106.4	225.1	183.3	43.2	23.5
牛肝土田	85.1	310.7	175.4	50.1	28.5
沙泥地	60.2	344.7	166.9	52.2	31.3
沙泥土田	112.5	228.5	161.4	41.4	25.6
沙土田	66.4	274.9	158.1	69.7	44.1
砂泥低青泥格田	106.4	235.9	152.3	59.4	39.0
砂泥青泥格田	146.5	238.3	200.9	34.9	17.4
砂仔地	103.1	140.5	121.2	18.7	15.4
石英变质岩石质土	38.3	201.3	121.3	61.5	50.7
松泥田	136.1	279.2	198.2	35.7	18.0
铁锈水田	159.2	159.2	159.2		
乌潮泥田	117.5	238.2	164.2	36.6	22.3
乌赤土田	102.1	319.2	193.2	50.5	26.1
乌黄赤土田	59.6	326	178.3	47.7	26.8
乌泥底田	55.3	205.2	138.6	63.0	45.4
沼泽土	165.3	208.1	182.0	22.9	12.6

续表 4-5

土种	最小值	最大值	平均值	标准差	变异系数/%
中厚花岗岩黄色砖红壤	83.4	316.4	169.6	59.2	34.9
中厚浅海沉积物黄色砖红壤	77.1	264.7	145.7	49.4	33.9
中厚砂页岩黄色砖红壤	59.6	283.4	168.8	62.8	37.2
中厚玄武岩黄色砖红壤	77.2	255.3	177.0	65.0	36.7
中有机质层厚层玄武岩砖红壤	242.6	242.6	242.6		
紫沙泥田	93.7	271.6	175.4	43.5	24.8

三、土壤磷素含量

磷素是作物重要的养分，它直接参与植物体中氨基酸、蛋白质、脂肪类合成与转化等一系列生理生化反应，也是磷脂类和核蛋白的重要成分。土壤磷素含量高低一定程度反映了土壤中磷素的贮量和供应能力。

琼海市耕地土壤有效磷平均含量为 36.2 mg/kg，其含量范围为 0.1～569.3 mg/kg，不同乡镇耕地土壤有效磷含量分布不均，空间变异性较大，乡镇间的土壤有效磷含量均值的变异系数高达 90.0%，其中塔洋镇的耕地耕层土壤速效磷含量最高，为 159.1 mg/kg，会山镇含量最低，仅为 7.4 mg/kg。结合海南土壤养分含量分级标准，对琼海耕地耕层土壤有效磷含量进行分级，结果如表 4-6 所示，该市土壤速效磷含量各等级均有分布，其中第一等级比例最高，为 23.35%，其余各等级所占比例范围为 12.72%～18.62%。从含量上来看，速效磷含量高于 20 mg/kg 耕地土壤占 37.20%，中等水平的速效磷土壤，即速效磷含量为 5～20 mg/kg 的比例也为 37.20%，低于 5 mg/kg 的磷缺乏土壤为 25.60%，由耕地土壤速效磷的丰缺分布可知琼海市耕地土壤有效磷含量偏低。

表 4-6 琼海耕地土壤有效磷的含量状况 mg/kg

含量分级	含量	样次	频率/%	平均值(36.2)
一级	>40	455	23.35	118.2
二级	20～40	270	13.85	28.6
三级	10～20	363	18.62	13.8
四级	5～10	362	18.57	7.2
五级	3～5	248	12.72	4.0
六级	<3	251	12.88	1.7

不同土种对应耕地耕层土壤有效磷的含量存在差异(表 4-7),潮泥土的土壤有效磷含量最低,仅为 1.1 mg/kg,最高的为薄厚玄武岩黄色砖红壤,其含量高达 182.7 mg/kg。

表 4-7 不同土种耕地土壤有效磷的含量状况 mg/kg

土种	最小值	最大值	平均值	标准差	变异系数/%
半固定沙土	11.1	11.1	11.1		
半沙坜田	0.8	293.2	34.9	51.2	146.7
溢眼田	0.2	16.8	7.2	5.6	77.8
滨海林滩	138	138	138.0		
滨海泥滩	8.9	10.57	9.7	1.2	12.1
薄厚花岗岩黄色砖红壤	3.6	339.6	47.5	64.2	135.0
薄厚浅海沉积物黄色砖红壤	11.24	100.1	54.4	38.6	71.0
薄厚砂页岩黄色砖红壤	9.8	258.9	84.2	117.0	138.9
薄厚玄武岩黄色砖红壤	182.7	182.7	182.7		
彩土田	0.1	439.3	34.9	71.0	203.3
潮泥田	0.2	402.7	76.3	97.5	127.7
潮泥土	1.1	1.1	1.1		
潮沙地	6.8	412	152.4	173.4	113.8
潮沙泥地	3.1	323.8	65.3	113.7	174.2
潮沙泥田	2	569.3	47.9	97.4	203.1
潮沙泥土	13.9	13.9	13.9		

续表 4-7

土种	最小值	最大值	平均值	标准差	变异系数/%
潮沙沙漏田	3.1	17.2	9.3	5.2	56.3
潮沙田	1.6	138.6	22.8	35.6	156.0
潮石砾土	5.5	5.5	5.5		
赤泥地	7.6	104.3	39.9	43.6	109.4
赤泥肉田	13.6	235.7	63.4	65.5	103.3
赤沙地	1.4	1.4	1.4		
赤沙泥土田	0.2	80.2	22.1	21.8	98.6
赤土低青泥格田	4.9	45.6	25.3	28.8	114.0
赤土青泥格田	17.6	17.6	17.6		
赤土田	0.3	179.3	28.9	41.3	142.9
赤黏土地	2.1	16.87	8.5	7.6	89.3
低黑泥格田	0.1	202.3	28.6	47.6	166.5
固定沙土	5.7	178	66.7	73.0	109.3
黑泥底田	1.1	165.7	18.9	34.5	181.9
黑沙泥田	0.6	76.81	14.7	17.3	117.4
红赤泥肉田	1.1	424.4	56.5	93.4	165.3
红赤沙泥地	0.45	397.7	38.1	69.7	182.6
红赤土低青泥格田	6.2	96.52	53.0	27.7	52.3
红赤土青泥格田	39.1	39.1	39.1		
红沙漏田	6	314.1	114.1	108.8	95.4
厚厚花岗岩黄色赤红壤	4.2	4.2	4.2		
厚厚浅海沉积物黄色砖红壤	2.23	114.3	48.1	36.5	75.9
厚厚砂页岩黄色砖红壤	1.7	5.4	3.6	2.6	73.7
黄赤沙地	1.63	185.8	102.0	58.3	57.2
黄赤沙泥地	34.8	34.8	34.8		
黄赤沙泥田	0.9	389.9	38.9	59.7	153.5
黄赤土低青泥格田	28.22	240.6	105.8	85.8	81.1
黄赤土田	2.9	156.4	35.8	44.6	124.7
黄赤黏土田	1.4	130.2	17.4	22.3	128.0

续表 4-7

土种	最小值	最大值	平均值	标准差	变异系数/%
黄红赤泥肉田	1.6	112	25.1	36.3	144.6
黄红赤土沙地	86.9	103.7	95.3	11.9	12.5
黄红沙漏田	4.73	120.7	48.1	38.2	79.4
黄沙漏田	1.1	403.4	99.6	97.3	97.7
黄沙田	6.4	319.8	84.4	105.9	125.5
黄土田	1.3	260.6	51.5	58.7	114.0
烂湴田	3.3	39	22.4	12.4	55.3
冷底田	42.7	42.7	42.7		
泥肉田	3.5	30.3	15.6	11.5	73.8
牛肝土田	0.5	167.5	18.9	31.4	166.3
沙泥地	0.2	128.5	7.9	20.8	262.0
沙泥土田	2.4	136	31.9	41.1	128.9
沙土田	1.78	126.2	36.0	37.4	103.9
砂泥低青泥格田	9.8	59.3	26.7	22.6	84.5
砂泥青泥格田	2.6	26.4	10.9	9.7	89.0
砂仔地	6.1	50.07	27.3	22.0	80.8
石英变质岩石质土	2.6	215.7	60.3	91.2	151.3
松泥田	2.63	201.6	34.5	53.0	153.4
铁锈水田	7.4	7.4	7.4		
乌潮泥田	2.2	56.6	16.5	18.5	112.1
乌赤土田	0.6	163.8	20.8	37.9	182.2
乌黄赤土田	0.4	296.8	21.3	43.3	203.5
乌泥底田	5.85	184.8	60.1	77.2	128.5
沼泽土	9.4	57.28	26.8	26.5	98.9
中厚花岗岩黄色砖红壤	1.3	423.5	46.2	86.3	186.9
中厚浅海沉积物黄色砖红壤	2.95	240.8	63.9	70.4	110.2
中厚砂页岩黄色砖红壤	4	259.8	57.8	67.7	117.1
中厚玄武岩黄色砖红壤	2.2	148.7	30.1	58.2	193.3
中有机质层厚层玄武岩砖红壤	3.3	3.3	3.3		
紫沙泥田	1.5	147.1	19.0	25.3	132.7

四、土壤钾素含量

钾是植物重要的营养元素。土壤供钾能力与土壤缓效钾含量密切相关。因此,了解土壤缓效钾含量状况,对合理施用钾肥有重要的意义。一般情况下,速效钾含量作为土壤供钾的丰缺指标。

据琼海的1949个耕地土壤样品分析结果,该市耕地速效钾的平均含量为55.6 mg/kg,其变幅为2.8～787.6 mg/kg。不同乡镇的土壤速效钾含量存在一定差异,各乡镇均值的标准差为23.4,变异系数为41.5%,塔洋镇耕地土壤速效钾含量最高,为117.4 mg/kg,长坡、阳江和会山镇土壤速效钾含量均低于40 mg/kg。根据海南省土壤养分含量分等定级标准,所有耕地土壤样品中,四到六级所占比例近90%,其中六级比例最高,为30.94%,四级和五级比例分别为29.45%和28.09%。综上可知,琼海市耕地土壤速效钾含量水平偏低(表4-8)。

表4-8 琼海耕地土壤速效钾含量状况 mg/kg

含量分级	含量	样次	频率/%	平均值(55.6)
一级	＞200	32	1.64	342.2
二级	150～200	45	2.31	165.2
三级	100～150	130	6.67	119.7
四级	50～100	574	29.45	69.5
五级	30～50	565	28.99	39.3
六级	＜30	603	30.94	20.5

不同土种耕层的速效钾的含量空间差异性较大(表4-9),潮土田速效钾含量最高,其平均含量为114.9 mg/kg,冷底田的含量最低,仅为4.8 mg/kg。

表 4-9　不同土种耕地土壤速效钾含量状况　mg/kg

土种	最小值	最大值	平均值	标准差	变异系数/%
半固定沙土	33.2	33.2	33.2		
半沙坜田	5.2	202.4	36.5	32.1	87.8
湴眼田	13.1	84.5	31.8	17.3	54.5
滨海林滩	18.1	18.1	18.1		
滨海泥滩	18.4	23.7	21.1	3.7	17.8
薄厚花岗岩黄色砖红壤	8.7	500.9	49.3	85.5	173.4
薄厚浅海沉积物黄色砖红壤	12.2	78.8	30.6	24.7	80.8
薄厚砂页岩黄色砖红壤	17.1	141.7	58.1	56.5	97.3
薄厚玄武岩黄色砖红壤	99.2	99.2	99.2		
彩土田	16.6	212.5	63.2	42.1	66.6
潮泥田	12.5	688.2	114.9	121.6	105.8
潮泥土	60.9	60.9	60.9		
潮沙地	32.4	182.2	94.9	59.2	62.4
潮沙泥地	25.2	222.6	77.7	60.2	77.5
潮沙泥田	15.9	425	79.8	68.8	86.2
潮沙泥土	113.8	113.8	113.8		
潮沙沙漏田	13.8	63.5	33.5	19.8	59.1
潮沙田	15.7	110.5	54.3	25.4	46.8
潮石砾土	10.7	10.7	10.7		
赤泥地	10.3	27.3	19.9	7.1	35.6
赤泥肉田	10.5	109.4	35.8	31.2	87.3
赤沙地	62.2	62.2	62.2		
赤沙泥土田	8	168.3	48.3	39.4	81.7
赤土低青泥格田	12.5	18.2	15.4	4.0	26.3
赤土青泥格田	111.3	111.3	111.3		
赤土田	15.2	168.1	52.9	31.9	60.3
赤黏土地	12.9	34.1	23.4	10.6	45.3
低黑泥格田	11.6	130.8	58.3	38.2	65.4
固定沙土	28.4	122	49.2	40.8	82.8

续表 4-9

土种	最小值	最大值	平均值	标准差	变异系数/%
黑泥底田	18.112	161.9	58.3	33.4	57.3
黑沙泥田	15.3	136.3	46.4	30.6	65.8
红赤泥肉田	16.4	121.7	49.2	26.3	53.5
红赤沙泥地	11.1	424.4	50.0	49.6	99.1
红赤土低青泥格田	5.9	41.5	14.4	10.0	69.8
红赤土青泥格田	25.0	25.0	25.0		
红沙漏田	13.9	88.6	36.1	25.3	70.0
厚厚花岗岩黄色赤红壤	76.1	76.1	76.1		
厚厚浅海沉积物黄色砖红壤	32.0	787.6	109.2	189.4	173.5
厚厚砂页岩黄色砖红壤	16.7	64.8	40.8	34.0	83.5
黄赤沙地	8.8	66.8	37.2	21.7	58.3
黄赤沙泥地	8.1	8.1	8.1		
黄赤沙泥田	3.8	165.7	52.6	31.9	60.7
黄赤土低青泥格田	10.9	54.5	24.4	17.4	71.3
黄赤土田	12.4	134.5	41.8	26.4	63.2
黄赤黏土田	13.9	202.4	60.0	33.7	56.1
黄红赤泥肉田	25.5	159.3	74.2	38.6	52.0
黄红赤土沙地	31.9	46.6	39.3	10.4	26.5
黄红沙漏田	9.9	61.9	30.8	20.1	65.2
黄沙漏田	9.2	87.4	33.5	22.1	65.8
黄沙田	10.7	115.2	44.1	40.3	91.5
黄土田	5.9	185.9	64.7	54.4	84.0
烂湴田	11.2	106.4	48.9	35.7	73.0
冷底田	4.8	4.8	4.8		
泥肉田	15.2	124.4	54.2	34.3	63.2
牛肝土田	16.1	168.3	42.7	29.0	68.0
沙泥地	9.8	127.1	37.3	23.9	64.2

续表 4-9

土种	最小值	最大值	平均值	标准差	变异系数/%
沙泥土田	13.6	104.6	39.0	24.3	62.3
沙土田	11.9	124.6	46.3	28.3	61.1
砂泥低青泥格田	23.3	150	75.0	61.8	82.4
砂泥青泥格田	30.8	70.4	44.9	16.3	36.3
砂仔地	10.0	17.9	13.7	4.0	28.9
石英变质岩石质土	11.6	180.6	49.7	73.3	147.6
松泥田	20.3	77.5	45.7	17.5	38.4
铁锈水田	16.9	16.9	16.9		
乌潮泥田	24.7	143.4	56.2	39.6	70.5
乌赤土田	13.0	84.7	38.4	19.6	51.1
乌黄赤土田	21.8	253	67.4	44.3	65.8
乌泥底田	6.8	87	48.3	34.4	71.2
沼泽土	45.6	90.4	62.6	24.3	38.7
中厚花岗岩黄色砖红壤	14.3	172	44.3	34.4	77.7
中厚浅海沉积物黄色砖红壤	15.2	163.1	53.8	35.4	65.8
中厚砂页岩黄色砖红壤	4.1	73.3	32.0	16.4	51.1
中厚玄武岩黄色砖红壤	36.6	94.1	56.3	21.5	38.1
中有机质层厚层玄武岩砖红壤	69.3	69.3	69.3		
紫沙泥田	12.2	142.1	47.5	28.2	59.4

五、土壤养分含量变化

本次调查与全国第二次普查对比表明，琼海耕地土壤有机质含量增加(图 4-1)，前三等级比例有所上升，第五和第六等级比例下降，两时段均表现为第三等级比例最高，其次为第二和第四等级，表明土壤有机质主要集中分布于 20～30 g/kg 范围内。表 4-10 为本次调查与第二次土壤普查土壤养分含量等级百分比对照表。

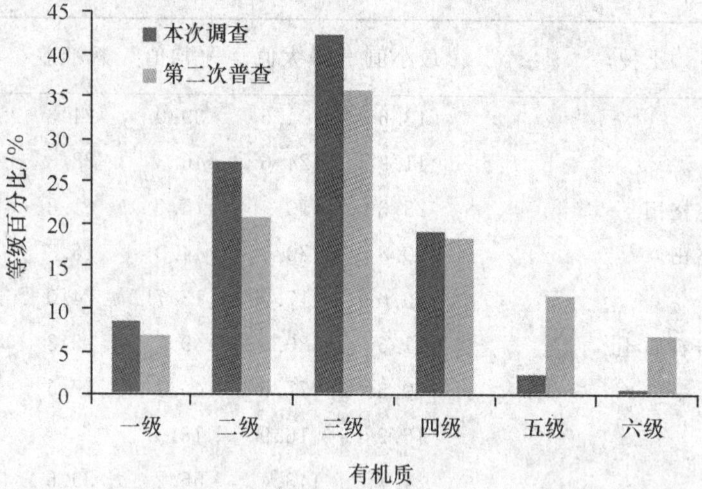

图 4-1　本次调查与第二次土壤普查耕地土壤有机质含量对比

表 4-10　本次调查与第二次土壤普查土壤养分含量等级百分比对照表 %

等级	有机质		碱解氮		有效磷		速效钾	
	本次调查	第二次普查	本次调查	第二次普查	本次调查	第二次普查	本次调查	第二次普查
一级	8.52	6.90	61.52	6.90	23.35	1.15	1.64	1.15
二级	27.24	20.69	20.68	16.09	13.85	6.90	2.31	0.00
三级	42.23	35.63	10.42	33.33	18.62	32.18	6.67	3.45
四级	19.04	18.39	5.28	12.64	18.57	47.13	29.45	14.94
五级	2.36	11.49	1.90	12.64	12.72	10.34	28.99	33.33
六级	0.62	6.90	0.21	18.39	12.88	2.30	30.94	47.13

土壤碱解氮在两时段等级比例分布差异显著，与二次土壤普查期间相比，琼海耕地的碱解氮含量第一等级比例显著增加(图 4-2)。土壤有效磷含量在不同等级间的增减比例不同(图 4-3)，二次土壤普查期间，土壤有效磷主要分布于第三和第四等级，本次调查结果表明，琼海耕地土壤有效磷各等级比例趋于平均分布。两次调查结果表明，土壤速效钾含量的等级分布类似，一、二、三级土壤比例均较

低，且本次调查前三等级比例略高于第二次土壤普查的比例，第四级土壤比例显著高于二次土壤普查（图 4-4）。

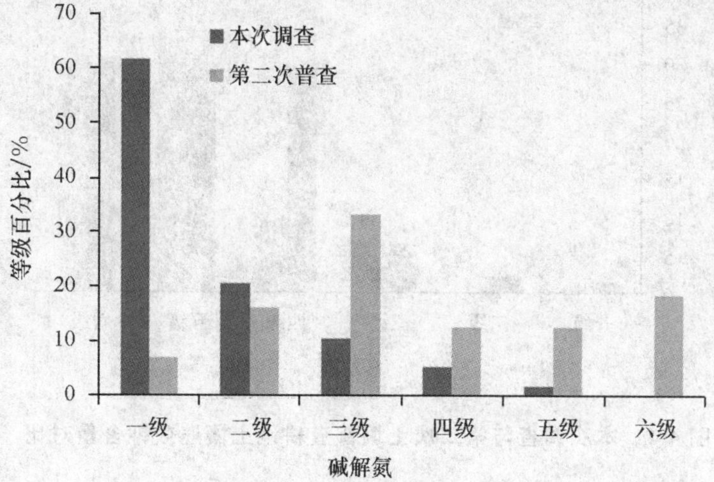

图 4-2　本次调查与第二次土壤普查耕地土壤碱解氮含量对比

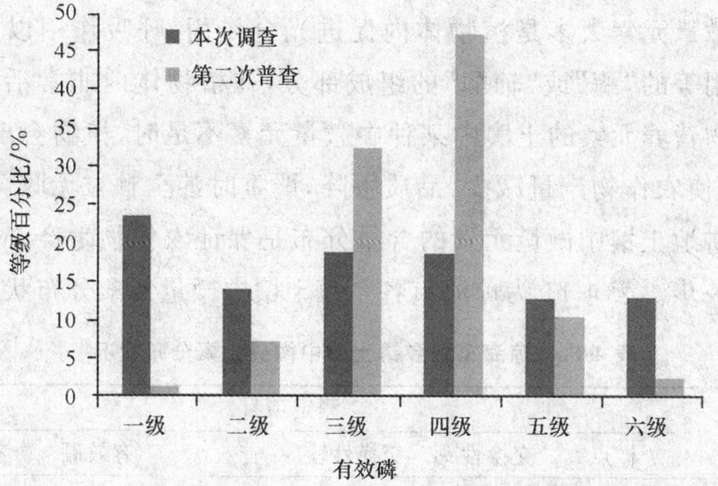

图 4-3　本次调查与第二次土壤普查耕地土壤有效磷含量对比

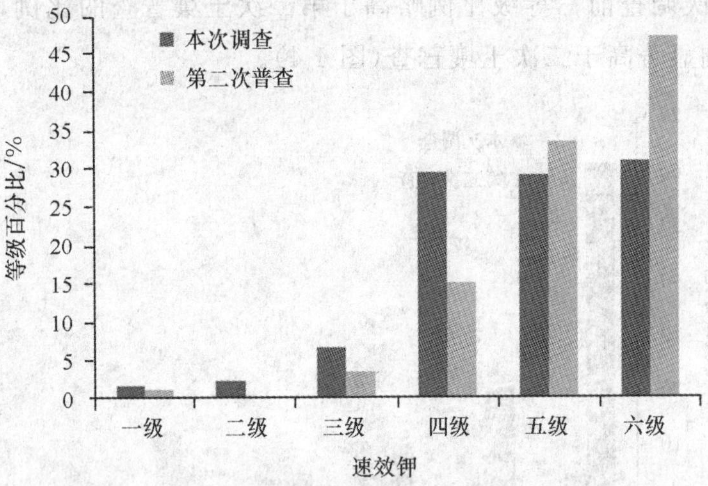

图 4-4　本次调查与第二次土壤普查耕地土壤速效钾含量对比

第二节　中微量元素

中微量元素大多是植物体内促进光合作用、呼吸作用以及物质转化作用等的“酶”或“辅酶”的组成部分，在植物体内非常活跃。当提供植物营养元素的土壤中某种中微量元素不足时，植物会出现“缺乏病状”使农作物产量减少，品质下降，严重时甚至颗粒无收，因此正确把握耕地土壤中微量元素的含量分布是保证农作物生产必不可缺的关键一步。表 4-11 为琼海市各乡镇土壤中微量元素分布状况。

表 4-11　琼海市各乡镇土壤中微量元素分布状况　　mg/kg

地区	测定项目					
	样点	交换性钙	交换性镁	有效锌	有效硼	有效硫
博鳌	29	555.41	114.57	4.02	0.50	44.88
长坡	49	589.65	89.34	5.35	0.23	50.36
大路	56	848.86	193.55	1.23	0.31	51.07

续表 4-11

地区	测定项目					
	样点	交换性钙	交换性镁	有效锌	有效硼	有效硫
会山	8	525.50	73.33	4.23	0.21	26.35
加积	46	847.53	181.02	4.99	0.31	55.18
龙江	18	738.31	122.28	9.95	0.45	29.83
石壁	17	733.94	154.41	5.62	0.33	40.08
塔洋	35	685.21	136.63	14.41	0.18	77.35
潭门	34	555.87	84.75	2.55	0.33	79.56
万泉	39	507.00	87.58	4.19	0.20	54.85
阳江	25	674.52	76.64	15.73	0.20	48.04
中原	41	517.74	72.05	4.20	0.38	48.90
标准差	—	124.36	42.62	4.56	0.10	15.86
变异系数	—	19.18	36.89	71.62	34.27	31.38

一、土壤有效钙含量

根据本次调查分析结果可知，琼海市耕地土壤中耕层有效钙含量范围为 51.5～2 160.3 mg/kg，其平均含量为 660.6 mg/kg，标准差为 304.5，变异系数为 46.1%，琼海市耕地土壤有效钙含量在空间为中等强度变异。

根据土壤养分分级标准对琼海耕地耕层上壤有效钙进行分级，结果如表 4-12 所示，达一级标准的有 54 个，占全部样品的 13.6%，二级标准 109 个，占 27.5%，达到三级标准的样品为 107 个，占 27.0%，四级标准样品为 86 个，占 21.7%，五级标准样品最少，为 41 个，占 10.3%。不同等级有效钙含量均有分布，且第二到第四等级比例相对较高，故琼海市耕地土壤有效钙含量属中等水平。

表 4-12 琼海耕地土壤有效钙的含量状况 mg/kg

含量分级	含量	样次(f)	频率/%	平均值(660.5)
一级	>1 000	54	13.6	1 203.3
二级	700～1 000	109	27.5	819.6
三级	500～700	107	27.0	598.7
四级	300～500	86	21.7	401.3
五级	<300	41	10.3	228.0

琼海市不同土种的耕层有效钙的含量变异性也较高(表 4-13),不同土种的有效钙平均含量范围为 284.0～2 007.6 mg/kg,其中滨海泥滩的含量最低,牛肝土田的含量最高。

表 4-13 不同土种耕地土壤钙的含量状况 mg/kg

土种	最小值	最大值	平均值	标准差	变异系数/%
半沙坜田	95.8	997.3	546.5	255.3	46.7
湴眼田	281.6	1 019.3	647.4	278.0	42.9
滨海泥滩	284	284	284.0		
薄厚花岗岩黄色砖红壤	172.9	736.5	465.5	217.4	46.7
薄厚浅海沉积物黄色砖红壤	90	625.4	391.9	255.1	65.1
彩土田	273	763.9	528.2	191.5	36.3
潮泥田	287.8	1 286.2	823.5	281.9	34.2
潮泥土	727.8	727.8	727.8		
潮沙地	769.1	769.1	769.1		
潮沙泥地	312	1 005.7	596.5	363.3	60.9
潮沙泥田	546	1 156.9	861.4	207.6	24.1
潮沙沙漏田	803.2	803.2	803.2		
潮沙田	532.8	799.3	634.6	114.7	18.1
赤泥地	434.8	434.8	434.8		
赤泥肉田	269.2	621.6	489.1	191.8	39.2
赤沙泥土田	223.4	1 462.4	635.5	328.0	51.6
赤土田	252.9	697.8	563.6	178.8	31.7

续表 4-13

土种	最小值	最大值	平均值	标准差	变异系数/%
赤黏土地	702	702	702.0		
低黑泥格田	249.6	712.5	504.9	180.7	35.8
固定沙土	887.2	887.2	887.2		
黑泥底田	526	1 165.6	895.3	331.1	37.0
黑沙泥田	550.5	951	779.6	206.4	26.5
红赤泥肉田	425.9	721.5	579.0	120.9	20.9
红赤沙泥地	152.5	1 091.8	512.8	228.3	44.5
红赤土低青泥格田	429.5	532.2	480.9	72.6	15.1
厚厚花岗岩黄色赤红壤	542.1	542.1	542.1		
厚厚浅海沉积物黄色砖红壤	321.7	794.2	550.9	180.8	32.8
黄赤沙泥田	353.7	875.3	687.7	151.2	22.0
黄赤土低青泥格田	1 141.4	1 141.4	1 141.4		
黄赤土田	303.7	1 074.1	632.3	205.0	32.4
黄赤黏土田	185.6	1 026.5	567.1	244.3	43.1
黄红赤泥肉田	360.7	360.7	360.7		
黄红沙漏田	660.8	660.8	660.8		
黄沙漏田	320.7	616	466.2	121.5	26.1
黄沙田	587.7	587.7	587.7		
黄土田	130.4	1 165	638.8	409.4	64.1
烂湴田	1 050.7	1 184.7	1 117.7	94.8	8.5
泥肉田	827.1	827.1	827.1		
牛肝土田	762.1	2 007.6	1 220.9	684.4	56.1
沙泥地	319.6	987.9	465.3	229.9	49.4
沙泥土田	322.1	1 003.5	662.8	481.8	72.7
沙土田	256.9	1 122.9	537.5	401.9	74.8
砂仔地	380.3	380.3	380.3		
石英变质岩石质土	874.4	874.4	874.4		
松泥田	249	731.4	508.9	205.6	40.4
乌潮泥田	469.6	1 112.6	877.9	287.5	32.7
乌赤土田	632.7	636.6	634.7	2.8	0.4

续表 4-13

土种	最小值	最大值	平均值	标准差	变异系数/%
乌黄赤土田	325.5	1 229.4	737.9	274.7	37.2
乌泥底田	967.2	967.2	967.2		
中厚花岗岩黄色砖红壤	213.2	777.5	429.9	229.9	53.5
中厚浅海沉积物黄色砖红壤	292.8	929.8	652.4	238.6	36.6
中厚砂页岩黄色砖红壤	286.9	1 257	601.7	297.3	49.4
中厚玄武岩黄色砖红壤	206.9	1 132.4	637.1	466.2	73.2
紫沙泥田	270.5	1 236.1	817.8	326.6	39.9

二、土壤有效镁含量

琼海市耕地土壤有效镁含量范围为 0.5～830.8 mg/kg，平均含量 121.5 mg/kg，标准差为 101.3，变异系数为 83.4%。根据我国二次土壤普查期间的土壤养分分级标准，其不同土壤有效镁等级含量范围的频率分布情况如表 4-14 所示，总体上琼海耕地耕层土壤有效镁含量处于下等水平。

表 4-14　琼海耕地土壤有效镁的含量分布　mg/kg

含量分级	含量	样次(f)	频率/%	平均值(121.5)
一级	＞300	19	4.8	421.0
二级	200～300	45	11.3	245.2
三级	100～200	129	32.5	144.3
四级	50～100	101	25.4	73.3
五级	25～50	67	16.9	38.6
六级	＜25	36	9.1	16.4

本市一级土壤有效镁的比例较低，所占比例低于 5%，耕层土壤有效镁含量为二级标准的占 11.3%，三、四两等级土壤有效镁含量所占比例均较高，分别为 32.5%和 25.4%，五级土壤比例为 16.9%，最低等级(六级)土壤有效镁样点样次为 36，所占比例为 9.1%。综上所

述,琼海市耕地耕层土壤有效镁的含(表 4-15)量处于中等水平。

表 4-15 不同土种耕地土壤有效镁的含量状况 mg/kg

土种	最小值	最大值	平均值	标准差	变异系数/%
半沙坜田	0.5	243.2	85.0	65.5	77.0
湴眼田	84.5	210.1	135.9	55.4	40.8
滨海泥滩	32.2	32.2	32.2		
薄厚花岗岩黄色砖红壤	8	189.7	63.8	58.6	91.8
薄厚浅海沉积物黄色砖红壤	6.7	81.3	44.7	31.9	71.4
彩土田	1.5	95.3	49.1	31.6	64.4
潮泥田	34.1	287.9	180.5	57.8	32.0
潮泥土	264.7	264.7	264.7		
潮沙地	140.8	140.8	140.8		
潮沙泥地	30.3	165.3	82.2	72.7	88.5
潮沙泥田	87.5	291.3	164.6	62.5	37.9
潮沙沙漏田	138.7	138.7	138.7		
潮沙田	23.196	121.7	75.8	42.2	55.7
赤泥地	57.3	57.3	57.3		
赤泥肉田	33.8	135.156	82.1	50.8	61.9
赤沙泥土田	18.6	354.6	94.7	91.8	96.9
赤土田	26	173.1	100.4	63.1	62.9
赤黏土地	119.3	119.3	119.3		
低黑泥格田	10.2	112.7	67.4	43.2	64.2
固定沙土	111.5	111.5	111.5		
黑泥底田	98.6	315	208.5	108.2	51.9
黑沙泥田	67.98	213.8	140.8	72.9	51.8
红赤泥肉田	29.8	184.3	87.3	68.5	78.5
红赤沙泥地	12.5	368.8	86.0	76.4	88.9
红赤土低青泥格田	20.6	45.8	33.2	17.8	53.7
厚厚花岗岩黄色赤红壤	109	109	109.0		
厚厚浅海沉积物黄色砖红壤	58.728	155.316	107.8	39.9	37.0
黄赤沙泥田	43.2	171.72	100.2	46.2	46.1
黄赤土低青泥格田	43.1	43.1	43.1		

续表 4-15

土种	最小值	最大值	平均值	标准差	变异系数/%
黄赤土田	27.6	282.6	92.3	65.7	71.2
黄赤黏土田	15.1	280.8	102.0	70.8	69.4
黄红赤泥肉田	16.3	16.3	16.3		
黄红沙漏田	117	117	117.0		
黄沙漏田	12.1	53.4	30.9	18.9	61.3
黄沙田	119.448	119.448	119.4		
黄土田	22.8	181.4	91.0	63.8	70.1
烂湴田	279.2	348.8	314.0	49.2	15.7
泥肉田	145.9	145.9	145.9		
牛肝土田	73.2	282.2	153.1	112.9	73.7
沙泥地	36.7	257.3	96.1	79.9	83.2
沙泥土田	42	193.524	117.8	107.1	91.0
沙土田	20.2	175.7	70.9	71.6	101.0
砂仔地	47.7	47.7	47.7		
石英变质岩石质土	128.7	128.7	128.7		
松泥田	17.6	256.4	96.5	96.9	100.4
乌潮泥田	84.5	273.4	183.2	82.2	44.8
乌赤土田	73.8	135.1	104.5	43.3	41.5
乌黄赤土田	40.7	299	142.3	83.8	58.9
乌泥底田	82.1	82.1	82.1		
中厚花岗岩黄色砖红壤	17.3	281.3	73.3	116.3	158.7
中厚浅海沉积物黄色砖红壤	30.1	173.952	109.3	57.7	52.8
中厚砂页岩黄色砖红壤	15.8	306.4	80.8	92.5	114.5
中厚玄武岩黄色砖红壤	23.8	225.7	133.7	102.1	76.4
紫沙泥田	29.6	193.4	112.5	63.8	56.7

由表 4-15 可知琼海市不同土种耕层有效镁的含量变化水平，最高的为烂湴田，其有效镁含量 314.0 mg/kg，黄红赤泥肉田的含量最低，其含量均值仅为 16.3 mg/kg。

三、有效硫含量

琼海市耕地耕层土壤有效硫含量变幅为4.5～259.6 mg/kg，其平均含量为53.8 mg/kg，标准差为35.7，空间变异性较高，变异系数为66.3%。根据土壤养分分级标准，将土壤有效硫含量进行分级，可得不同等级有效硫含量范围的分布情况（表4-16）。达一级标准的土样有230个，占样点总数的57.9%，二级和三级分别为80个和54个，所占比例为20.2%和13.6%，四级和五级均比例较低，分别为6.3%和2.0%。综上所述，琼海市耕地土壤有效硫是为中上等水平。

表4-16　琼海耕地耕层土壤有效硫的含量状况　mg/kg

含量分级	含量	样次(f)	频率/%	平均值(53.8)
一级	>40	230	57.9	72.8
二级	30～40	80	20.2	35.2
三级	20～30	54	13.6	25.2
四级	10～20	25	6.3	15.4
五级	<10	8	2.0	7.3

由表4-17可知，琼海不同土种耕层有效硫的含量水平分布不均，含量最低的泥肉田中有效硫含量仅为8.9 mg/kg，而黄红沙漏田和乌泥底田的有效硫含量水平最高，均高于100 mg/kg。

表4-17　不同土种耕地有效硫的含量状况　mg/kg

土种	最小值	最大值	平均值	标准差	变异系数/%
半沙坜田	18.7	118.5	55.9	33.6	60.0
湴眼田	11.9	56.1	34.8	17.8	51.1
滨海泥滩	24.4	24.4	24.4		
薄厚花岗岩黄色砖红壤	11	176.6	62.2	55.2	88.7
薄厚浅海沉积物黄色砖红壤	4.5	168	76.1	68.6	90.1
彩土田	25.2	69.4	41.4	14.3	34.5

续表 4-17

土种	最小值	最大值	平均值	标准差	变异系数/%
潮泥田	23.3	176.1	70.1	41.4	59.0
潮泥土	48.2	48.2	48.2		
潮沙地	63.7	63.7	63.7		
潮沙泥地	21.7	76.2	46.0	27.7	60.3
潮沙泥田	32.3	197	63.7	45.8	71.9
潮沙沙漏田	16.8	16.8	16.8		
潮沙田	14.3	111	53.1	41.1	77.4
赤泥地	27.6	27.6	27.6		
赤泥肉田	21.5	43.3	29.4	12.1	41.2
赤沙泥土田	20.5	78.2	40.7	15.3	37.5
赤土田	35.5	86.6	52.4	20.6	39.3
赤黏土地	91.8	91.8	91.8		
低黑泥格田	40	157.9	72.5	48.9	67.4
固定沙土	11.6	11.6	11.6		
黑泥底田	29.1	47.3	36.1	9.8	27.1
黑沙泥田	29.4	152.4	90.6	61.5	67.9
红赤泥肉田	19.8	76	55.2	26.7	48.3
红赤沙泥地	22.9	259.6	64.5	61.6	95.5
红赤土低青泥格田	38.2	53.6	45.9	10.9	23.7
厚厚花岗岩黄色赤红壤	21.1	21.1	21.1		
厚厚浅海沉积物黄色砖红壤	40.7	125.9	70.7	32.4	45.8
黄赤沙泥田	21.7	176.7	62.7	44.1	70.4
黄赤土低青泥格田	37.9	37.9	37.9		
黄赤土田	35.4	142.9	63.7	37.4	58.6
黄赤黏土田	12.9	100.8	43.7	23.0	52.5
黄红赤泥肉田	15.6	15.6	15.6		
黄红沙漏田	137.1	137.1	137.1		
黄沙漏田	32.2	81.8	51.7	21.6	41.8
黄沙田	56	56	56.0		
黄土田	29.7	101.8	51.8	28.4	54.9
烂湴田	50.6	61.9	56.3	8.0	14.2

续表 4-17

土种	最小值	最大值	平均值	标准差	变异系数/%
泥肉田	8.9	8.9	8.9		
牛肝土田	24.2	44.3	31.6	11.0	35.0
沙泥地	12.1	77.1	39.3	24.6	62.6
沙泥土田	67.6	83.7	75.7	11.4	15.0
沙土田	20.6	58	37.9	15.4	40.6
砂仔地	47.5	47.5	47.5		
石英变质岩石质土	21.5	21.5	21.5		
松泥田	24.1	62.8	42.3	16.3	38.4
乌潮泥田	35.7	59.2	46.2	11.7	25.4
乌赤土田	28.9	32	30.5	2.2	7.2
乌黄赤土田	12	45.5	29.7	11.0	37.2
乌泥底田	142.8	142.8	142.8		
中厚花岗岩黄色砖红壤	17.1	68.7	41.9	23.8	56.7
中厚浅海沉积物黄色砖红壤	32.7	150.4	90.7	53.7	59.3
中厚砂页岩黄色砖红壤	26.4	104.7	56.7	27.4	48.3
中厚玄武岩黄色砖红壤	18.7	54.7	39.8	18.8	47.2
紫沙泥田	35.8	129.5	57.9	32.8	56.6

第三节 微量元素

一、土壤有效硼含量

琼海市耕地土壤有效硼的范围在 0.01～3.96 mg/kg，平均值为 0.30 mg/kg，标准差为 0.29，变异系数为 90.1%。根据土壤养分分级标准，琼海市耕层土壤中，一级和二级有效硼含量土壤比例均较低(<5%)，三级 36 个，所占比例为 9.1%，四级土壤最多，为 205 个，所占比例为 51.6%，五级土壤比例也较高，为 37.3%。由此可知，琼海

市耕地耕层土壤有效硼含量为中下等水平(表 4-18)。

表 4-18 琼海耕地土壤有效硼含量状况 mg/kg

含量分级	含量	样次(f)	频率/%	平均值(0.300)
一级	>2.0	2	0.5	3.187
二级	1.0~2.0	6	1.5	1.141
三级	0.5~1.0	36	9.1	0.651
四级	0.2~0.5	205	51.6	0.309
五级	<0.2	148	37.3	0.130

据不同土种土壤有效硼含量分布结果(表 4-19)可知,不同的土种耕层有效硼的含量存在差异,其中有效硼含量最低的为黄红沙漏田,其含量为 0.050 mg/kg,含量最高的低黑泥格田含量为 0.693 mg/kg。

表 4-19 不同土种耕地土壤有效硼的含量状况 mg/kg

土种	最小值	最大值	平均值	标准差	变异系数/%
半沙坜田	0.028	0.537	0.198	0.131	66.159
湴眼田	0.203	0.409	0.315	0.094	29.669
滨海泥滩	0.548	0.548	0.548		
薄厚花岗岩黄色砖红壤	0.009	0.388	0.154	0.123	80.143
薄厚浅海沉积物黄色砖红壤	0.268	0.402	0.328	0.057	17.376
彩土田	0.08	0.573	0.237	0.155	65.317
潮泥田	0.032	1.33	0.304	0.264	86.906
潮泥土	0.391	0.391	0.391		
潮沙地	0.292	0.292	0.292		
潮沙泥地	0.051	0.344	0.228	0.156	68.291
潮沙泥田	0.087	0.76	0.303	0.216	71.353
潮沙沙漏田	0.205	0.205	0.205		
潮沙田	0.185	0.606	0.372	0.180	48.505
赤泥地	0.267	0.267	0.267		

续表 4-19

土种	最小值	最大值	平均值	标准差	变异系数/%
赤泥肉田	0.08	0.512	0.243	0.235	96.809
赤沙泥土田	0.05	0.553	0.237	0.143	60.583
赤土田	0.125	0.381	0.268	0.112	41.788
赤黏土地	0.334	0.334	0.334		
低黑泥格田	0.265	1.377	0.693	0.495	71.451
固定沙土	0.182	0.182	0.182		
黑泥底田	0.17	0.32	0.247	0.075	30.428
黑沙泥田	0.128	0.652	0.406	0.263	64.892
红赤泥肉田	0.26	0.395	0.305	0.063	20.697
红赤沙泥地	0.033	0.402	0.177	0.087	49.374
红赤土低青泥格田	0.116	0.144	0.130	0.020	15.230
厚厚花岗岩黄色赤红壤	0.216	0.216	0.216		
厚厚浅海沉积物黄色砖红壤	0.361	0.646	0.506	0.110	21.720
黄赤沙泥田	0.038	0.563	0.281	0.154	54.745
黄赤土低青泥格田	0.156	0.156	0.156		
黄赤土田	0.079	0.367	0.190	0.093	48.841
黄赤黏土田	0.143	2.419	0.443	0.521	117.590
黄红赤泥肉田	0.245	0.245	0.245		
黄红沙漏田	0.05	0.05	0.050		
黄沙漏田	0.06	0.313	0.184	0.118	64.052
黄沙田	0.386	0.386	0.386		
黄土田	0.014	0.34	0.208	0.131	62.711
烂湴田	0.093	0.134	0.114	0.029	25.543
泥肉田	0.18	0.18	0.180		
牛肝土田	0.045	0.34	0.182	0.149	81.847
沙泥地	0.124	0.481	0.268	0.129	48.020
沙泥土田	0.157	0.292	0.225	0.095	42.521
沙土田	0.159	0.425	0.271	0.111	41.183
砂仔地	0.188	0.188	0.188		
石英变质岩石质土	0.379	0.379	0.379		
松泥田	0.124	0.407	0.268	0.115	42.939

续表 4-19

土种	最小值	最大值	平均值	标准差	变异系数/%
乌潮泥田	0.289	0.325	0.309	0.015	4.821
乌赤土田	0.337	0.349	0.343	0.008	2.474
乌黄赤土田	0.151	0.644	0.317	0.140	44.201
乌泥底田	0.232	0.232	0.232		
中厚花岗岩黄色砖红壤	0.079	0.304	0.161	0.085	53.009
中厚浅海沉积物黄色砖红壤	0.11	0.57	0.362	0.175	48.260
中厚砂页岩黄色砖红壤	0.06	0.42	0.175	0.121	69.172
中厚玄武岩黄色砖红壤	0.081	0.312	0.193	0.116	59.927
紫沙泥田	0.131	0.706	0.355	0.207	58.366

二、有效锌含量

琼海市耕地土壤有效锌含量的范围为0.02～90.61 mg/kg，平均含量为5.81 mg/kg，标准差6.90，变异数为118.85%，可见其土壤有效锌含量空间差异性较大。根据土壤养分等级划分标准（表4-20），达一级标准的样点有249个，占全部样点的62.72%，二级标准为102个，占25.69%，三、四和五级土壤所占比例均较低，其所占比例之和为11.59%，由此可见，琼海市耕地耕层土壤有效锌含量丰富，属于锌含量丰富地区。

表 4-20 琼海耕地耕层土壤有效锌的含量状况 mg/kg

含量分级	含量	样次(*f*)	频率/%	平均值(5.81)
一级	＞3.0	249	62.72	8.35
二级	1.0～3.0	102	25.69	1.95
三级	0.5～1.0	28	7.05	0.79
四级	0.3～0.5	10	2.52	0.43
五级	＜0.3	8	2.02	0.18

由表 4-21 可知，琼海市不同土种耕层有效锌的含量水平，赤泥地土壤有效锌含量最高，其含量为 15.69 mg/kg，厚厚浅海沉积物黄色砖红壤含量最低，仅为 1.55 mg/kg。

表 4-21 不同土种耕地土壤锌的含量状况 mg/kg

土种	最小值	最大值	平均值	标准差	变异系数/%
半沙坜田	1.34	17.83	6.45	4.68	72.60
湴眼田	3.37	7.79	5.51	1.69	30.72
滨海泥滩	8.25	8.25	8.25		
薄厚花岗岩黄色砖红壤	1.20	26.54	7.29	7.27	99.66
薄厚浅海沉积物黄色砖红壤	1.68	4.99	3.05	1.52	49.95
彩土田	1.46	8.41	3.61	2.08	57.49
潮泥田	4.29	23.48	11.02	6.45	58.49
潮泥土	5.73	5.73	5.73		
潮沙地	11.89	11.89	11.89		
潮沙泥地	1.54	5.65	3.95	2.15	54.36
潮沙泥田	5.09	33.98	12.49	8.26	66.12
潮沙沙漏田	3.56	3.56	3.56		
潮沙田	2.04	8.45	5.45	2.75	50.39
赤泥地	15.69	15.69	15.69		
赤泥肉田	0.27	4.90	3.06	2.46	80.28
赤沙泥土田	1.40	36.14	8.35	9.76	116.99
赤土田	1.69	8.75	5.02	3.04	60.60
赤黏土地	6.11	6.11	6.11		
低黑泥格田	0.60	5.14	3.84	1.89	49.24
固定沙土	3.81	3.81	3.81		
黑泥底田	6.13	6.72	6.38	0.31	4.82
黑沙泥田	5.08	7.40	6.38	1.19	18.57
红赤泥肉田	3.55	6.03	4.94	1.03	20.85
红赤沙泥地	1.35	27.14	6.79	6.80	100.08
红赤土低青泥格田	3.02	3.34	3.18	0.23	7.12

续表 4-21

土种	最小值	最大值	平均值	标准差	变异系数/%
厚厚花岗岩黄色赤红壤	3.57	3.57	3.57		
厚厚浅海沉积物黄色砖红壤	1.06	2.55	1.55	0.60	38.81
黄赤沙泥田	0.44	19.05	7.75	5.47	70.59
黄赤土低青泥格田	4.49	4.49	4.49		
黄赤土田	0.61	19.75	7.65	5.70	74.49
黄赤黏土田	0.02	8.83	3.51	2.18	62.07
黄红赤泥肉田	4.17	4.17	4.17		
黄红沙漏田	6.25	6.25	6.25		
黄沙漏田	2.67	9.51	6.80	3.08	45.30
黄沙田	2.93	2.93	2.93		
黄土田	1.91	6.34	4.52	1.46	32.37
烂湴田	8.24	13.66	10.95	3.83	35.01
泥肉田	4.09	4.09	4.09		
牛肝土田	5.92	19.36	13.88	7.05	50.82
沙泥地	2.12	5.35	4.25	1.14	26.81
沙泥土田	2.19	4.08	3.13	1.34	42.72
沙土田	1.34	7.22	4.33	2.68	61.89
砂仔地	4.97	4.97	4.97		
石英变质岩石质土	6.61	6.61	6.61		
松泥田	1.35	21.99	7.67	8.51	110.84
乌潮泥田	2.25	22.74	11.08	8.59	77.51
乌赤土田	2.83	5.48	4.16	1.87	45.10
乌黄赤土田	1.52	90.61	11.60	24.98	215.41
乌泥底田	4.77	4.77	4.77		
中厚花岗岩黄色砖红壤	2.13	4.34	2.78	0.93	33.42
中厚浅海沉积物黄色砖红壤	1.04	4.77	2.27	1.60	70.43
中厚砂页岩黄色砖红壤	0.23	18.73	5.33	6.16	115.67
中厚玄武岩黄色砖红壤	6.46	8.69	7.48	1.13	15.10
紫沙泥田	2.24	24.59	13.22	8.22	62.13

第四节　其他属性

一、土体构型

土体构型是指各土壤发生层有规律的组合、有序的排列状况，也称为土壤剖面构型，是土壤剖面最重要特征。特别是在 1 m 土体内的剖面层次特征对作物的生长发育，水分养分吸收等产生重要影响，因此土体构型是决定土壤肥力的重要指标。一般可分为薄层型（<30 cm）、松散型（通体砂型）、紧实型（通体黏型）、夹层型（夹砂砾型、夹黏型。夹料姜型等）、上紧下松型（漏砂型）、上松下紧型（蒙金型）、海绵型（通体壤型）等。

琼海市本次调查中水稻土面积为 1.56 万 hm^2，占全市耕地面积的 67.0%，本市水稻土主要由河流冲积物、浅海沉积物、玄武岩、砂页岩风化物母质发育成的自然土，经过人们水旱耕作演变形成。旱作土壤类型有潮沙泥土、砖红壤、滨海沙土、赤红壤和黄壤等，其中以砖红壤的分布面积和比例最高，其面积为 6 952 hm^2，占全市耕地面积的 29.8%。

二、土壤质地

土壤质地是土壤物理性质之一。指土壤中不同大小直径的矿物颗粒的组合状况。土壤质地与土壤通气、保肥、保水状况及耕作的难易有密切关系；土壤质地状况是拟定土壤利用、管理和改良措施的重要依据。肥沃的土壤不仅要求耕层的质地良好，还要求有良好的质地剖面。虽然土壤质地主要决定于成土母质类型，有相对的稳定性，但耕作层的质地仍可通过耕作、施肥等活动进行调节。

由表 4-22 可知，琼海市的耕地质地主要以壤土为主，总共占到了 77.5%。壤土的透气性比较好，有机物质高，比较适宜植物的生长。

表 4-22　不同质地的耕地土壤面积统计表

土壤质地		面积/hm^2	比例/%
壤土	重壤	3 403.8	14.6
	中壤	6 015.0	25.8
	轻壤	3 940.1	16.9
	砂壤	4 709.4	20.2
黏土	中黏	792.7	3.4
砂土	松砂	512.9	2.2
	紧砂	3 940.1	16.9

三、耕层厚度

土壤是农业生产的重要物质条件，耕层结构直接关系到作物的高产稳产和可持续发展。在养分百分含量相同的情况下，耕层 0～20 cm 与 20～40 cm 相比，水分和养分要少 30%。琼海市的耕地耕层 13～40 cm，其中 13～15 cm 的占 9.5%，耕层厚度在 15～20 cm 之间的占 16.2%，20～30 cm 的占 71.5%，耕层厚度大于 30 cm 的为 2.8%。由此可见，琼海市的耕层厚度属于上等水平。

四、土壤酸碱度

琼海市耕地耕层土壤 pH 变幅为 3.36～7.91，平均值为 4.90。根据酸碱度的分级标准，耕地土壤酸碱度状况如表 4-23 所示。从表中可以看出，酸性范围为三级的占 67.06%；微酸性范围内的占 6.26%，可见琼海市耕地土壤大都属于酸性范围。

表 4-23 琼海耕地土壤 pH 状况

含量分级	pH	样次	频率/%	平均值(4.90)
一级	6.6～7.6	13	0.67	7.08
二级	5.6～6.6	129	6.62	5.94
三级	4.6～5.6	1 307	67.06	4.97
四级	7.6～8.6	1	0.05	7.91
五级	＜4.6;＞8.6	499	25.60	4.38

琼海市耕地耕层土壤整体偏酸性，pH 最低的为赤沙地，其 pH 均值为 4.23，乌泥底田的土壤 pH 最高，为 5.87，综上所述，虽然琼海耕地耕层总体偏酸性，但是酸性强度不是很大(表 4-24)。

表 4-24 不同土种耕地土壤 pH 状况

土种	平均值	最大值	最小值	标准差	变异系数/%
半固定沙土	4.72	4.72	4.72		
半沙坜田	4.14	6.51	4.98	0.50	10.10
湴眼田	4.30	5.51	4.90	0.33	6.64
滨海林滩	5.58	5.58	5.58		
滨海泥滩	4.38	4.49	4.44	0.08	1.75
薄厚花岗岩黄色砖红壤	3.94	6.87	4.84	0.52	10.83
薄厚浅海沉积物黄色砖红壤	4.73	5.27	4.95	0.21	4.30
薄厚砂页岩黄色砖红壤	4.44	5.61	4.76	0.57	11.88
薄厚玄武岩黄色砖红壤	4.47	4.47	4.47		
彩土田	3.81	5.52	4.75	0.33	7.03
潮泥田	3.36	6.96	4.65	0.52	11.10
潮泥土	4.85	4.85	4.85		
潮沙地	4.16	5.02	4.60	0.35	7.70
潮沙泥地	3.93	5.19	4.70	0.44	9.37
潮沙泥田	3.99	5.64	4.72	0.36	7.60
潮沙泥土	4.92	4.92	4.92		
潮沙沙漏田	4.44	5.68	4.93	0.49	9.92

续表 4-24

土种	平均值	最大值	最小值	标准差	变异系数/%
潮沙田	4.31	5.91	4.86	0.35	7.22
潮石砾土	4.45	4.45	4.45		
赤泥地	4.26	5.52	4.86	0.52	10.62
赤泥肉田	4.20	5.58	4.88	0.37	7.61
赤沙地	4.23	4.23	4.23		
赤沙泥土田	4.29	5.41	4.74	0.25	5.38
赤土低青泥格田	4.85	5.89	5.37	0.74	13.69
赤土青泥格田	5.16	5.16	5.16		
赤土田	4.11	5.21	4.72	0.28	5.89
赤黏土地	4.68	5.04	4.83	0.19	3.92
低黑泥格田	4.41	5.14	4.78	0.22	4.61
固定沙土	4.47	5.34	4.86	0.32	6.64
黑泥底田	4.24	5.83	4.89	0.36	7.33
黑沙泥田	4.21	6.54	4.98	0.58	11.72
红赤泥肉田	4.15	6.21	4.88	0.43	8.88
红赤沙泥地	3.73	6.19	4.74	0.41	8.63
红赤土低青泥格田	4.45	5.33	4.78	0.26	5.35
红赤土青泥格田	4.80	4.80	4.80		
红沙漏田	4.47	5.35	4.93	0.37	7.41
厚厚花岗岩黄色赤红壤	4.58	4.58	4.58		
厚厚浅海沉积物黄色砖红壤	4.20	5.94	4.79	0.42	8.84
厚厚砂页岩黄色砖红壤	4.79	5.20	5.00	0.29	5.80
黄赤沙地	4.44	6.11	5.10	0.59	11.51
黄赤沙泥地	4.49	4.49	4.49		
黄赤沙泥田	4.30	6.06	4.94	0.45	9.08
黄赤土低青泥格田	4.73	6.71	5.57	0.89	15.95
黄赤土田	4.15	5.67	4.71	0.28	5.86
黄赤黏土田	4.00	7.25	4.90	0.56	11.40
黄红赤泥肉田	4.19	5.13	4.69	0.24	5.06

续表 4-24

土种	平均值	最大值	最小值	标准差	变异系数/%
黄红赤土沙地	4.76	5.31	5.04	0.39	7.72
黄红沙漏田	3.89	5.12	4.69	0.38	8.10
黄沙漏田	4.05	6.69	5.10	0.59	11.60
黄沙田	4.76	5.82	5.23	0.35	6.66
黄土田	4.01	6.51	5.00	0.46	9.12
烂湴田	4.28	5.54	5.20	0.47	8.95
冷底田	5.32	5.32	5.32		
泥肉田	4.45	7.12	5.06	0.94	18.55
牛肝土田	4.28	6.39	4.80	0.42	8.80
沙泥地	4.16	5.51	4.73	0.29	6.06
沙泥土田	3.83	5.84	4.79	0.53	11.15
沙土田	4.27	6.25	5.01	0.49	9.85
砂泥低青泥格田	4.90	5.35	5.14	0.19	3.78
砂泥青泥格田	4.39	5.14	4.65	0.30	6.38
砂仔地	4.26	5.27	4.70	0.52	11.04
石英变质岩石质土	4.24	5.74	5.10	0.59	11.55
松泥田	4.25	5.35	4.81	0.30	6.23
铁锈水田	4.67	4.67	4.67		
乌潮泥田	4.35	5.05	4.68	0.27	5.70
乌赤土田	4.10	5.23	4.63	0.33	7.06
乌黄赤土田	4.13	7.91	4.87	0.57	11.70
乌泥底田	5.21	7.20	5.87	0.80	13.70
沼泽土	4.69	4.95	4.85	0.14	2.93
中厚花岗岩黄色砖红壤	4.15	5.57	4.75	0.38	8.10
中厚浅海沉积物黄色砖红壤	3.70	6.50	4.96	0.71	14.32
中厚砂页岩黄色砖红壤	3.87	6.14	4.87	0.59	12.08
中厚玄武岩黄色砖红壤	4.11	5.17	4.68	0.39	8.43
中有机质层厚层玄武岩砖红壤	4.70	4.70	4.70		
紫沙泥田	4.39	5.59	4.87	0.28	5.80

第五节　耕地土壤属性综述

一、土壤有机质

琼海市耕层土壤有机质含量范围在 3.1～70.8 g/kg，平均为 27.1 g/kg，标准差 9.7，变异系数 35.7%。土壤有机质含量最高的为阳江镇，其耕地耕层土壤有机质含量为 31.1 g/kg，而长坡镇含量最低，为 21.9 g/kg，各乡镇之间土壤有机质含量均值的标准差为3.1，其变异系数为 11.5%，从其标准差和变异系数来看，琼海 12 个乡镇间的土壤有机质含量差异不显著。按第二次土壤普查养分分级标准，二到四级土壤所占比例约为 88.51%，全市有机质平均值 27.1 g/kg 也在第三级标准范围内，可见琼海市的耕地耕层土壤有机质为中等水平。

二、土壤氮素

琼海市耕层土壤碱解氮含量范围为 17.2～391.6 mg/kg，平均含量为 167.3 mg/kg。不同乡镇碱解氮水平存在一定差异，全市 12 个乡镇的标准差为 20.3，变异系数为 12.2%，分析结果表明，其变化幅度不大，其中以石壁镇碱解氮含量最高，其含量为 191.9 mg/kg，而长坡镇含量最低，为 136 mg/kg，碱解氮含量均值超过 150 mg/kg 的乡镇还有会山、塔洋、加积、龙江、大路、万泉、阳江和中原镇，潭门和博鳌镇的碱解氮含量虽然低于 150 mg/kg，但其均值也相对较高，分别为 144.2 mg/kg 和 137.5 mg/kg。与第二次土壤普查的养分分级标准对比，全市耕地耕层土壤碱解氮含量均值属于第一级，均值含量最低的长坡镇为第四级，表明琼海市耕地土壤碱解氮含量丰富。

三、土壤有效磷

琼海耕地耕层土壤有效磷含量在0.1～569.3 mg/kg，全市平均含量为36.2 mg/kg，标准差为61.2，变异系数为169.0%。乡镇间的土壤有效磷含量均值的变异系数高达90.0%，其中塔洋镇的耕地耕层土壤有效磷含量最高，为159.1 mg/kg，会山镇含量最低，仅为7.4 mg/kg。结合海南土壤养分含量分级等级标准，该市土壤速效磷含量各等级均有分布，其中第一等级比例最高，为23.35%，其余各等级所占比例范围为12.72%～18.62%。从含量上来看，速效磷含量高于20 mg/kg耕地土壤占37.20%，中等水平的速效磷土壤，即速效磷含量为5～20 mg/kg的比例也为37.20%，低于5 mg/kg的磷缺乏土壤为25.60%，由耕地土壤速效磷的丰缺分布可知，琼海市耕地土壤有效磷含量偏低。

四、土壤速效钾

据1 949个耕地土壤样品分析结果可知，琼海市耕地速效钾的平均含量为55.6 mg/kg，其变幅为2.8～787.6 mg/kg。不同乡镇的土壤速效钾含量存在一定差异，各乡镇均值的标准差为23.4，变异系数为41.5%，塔洋镇耕地土壤速效钾含量最高，为117.4 mg/kg，长坡、阳江和会山镇土壤速效钾含量均低于40 mg/kg。根据海南省土壤养分含量分等定级标准，所有耕地土壤样品中，四到六级所占比例近90%，其中六级比例最高，为30.94%，四级和五级比例分别为29.45%和28.09%，表明该市耕地土壤速效钾含量水平偏低。

五、中量元素

(一)土壤有效钙

琼海市耕地土壤中耕层有效钙含量范围为51.5～2 160.3 mg/kg，其平均含量为660.6 mg/kg，标准差为304.5，变异系数为46.1%。乡镇间耕层土壤有效钙含量存在一定差异，各乡镇有效钙含量均值的标准差为124.36，变异系数为19.18%。按照土壤养分的分级标准，不同等级有效钙含量均有分布，且第二到第四等级比例相对较高，故琼海市耕地土壤有效钙含量属中等水平。

(二)土壤有效镁

琼海市耕地土壤有效镁含量范围为0.5～830.8 mg/kg，平均含量121.5 mg/kg，标准差为101.3，变异系数为83.4%。大路镇和加积镇土壤有效镁含量最高，分别为193.55 mg/kg和181.02 mg/kg，中原镇的含量最低，为72.05 mg/kg，所有乡镇间的标准差和变异系数分别为42.62%和36.89%，表明不同乡镇有效镁含量存在一定差异。该市一级土壤有效镁的比例较低，所占比例低于5%，耕层土壤有效镁含量为二级标准的占11.3%，三、四两个等级土壤有效镁含量所占比例均较高，分别为32.5%和25.47%，五级土壤比例为16.9%，最低等级(六级)所占比例为9.1%，琼海市耕地耕层土壤有效镁的含量处于中等水平。

(三)土壤有效硫

琼海市耕地耕层土壤有效硫含量变幅为4.5～259.6 mg/kg，其平均含量为53.8 mg/kg，标准差为35.7，变异系数66.3%。不同乡镇的土壤有效硫含量均值的变异系数为31.4%,表明有效硫在不同乡镇间存在差异性不高。根据土壤养分分级标准,达一级标准的样点比例为57.9%,二级和三级分别为20.2%和13.6%,四级和五级均比例较低,分别为6.3%和2.0%,琼海市耕地土壤有效硫是为中上等水平。

六、微量元素

(一)土壤有效硼

琼海市土壤耕层土壤有效硼的范围在0.01~3.96 mg/kg,平均值为0.30 mg/kg,标准差为0.29,变异系数为90.1%。不同乡镇土壤有效锰含量不均,博鳌镇含量最高为0.50 mg/kg,塔洋镇含量最低,仅为0.18 mg/kg。根据土壤养分分级标准,琼海市耕层土壤中,一级和二级有效硼含量土壤比例均较低(<5%),三级所占比例为9.1%,四级土壤最多,所占比例为51.6%,五级土壤比例也较高,为37.3%。可见琼海市耕地耕层土壤有效硼含量为中下等水平。

(二)土壤有效锌

琼海耕地土壤有效锌含量的范围为0.02~90.61 mg/kg,平均含量为5.81 mg/kg,标准差6.90,变异数为118.85%,可见其土壤有效锌含量空间差异性较大。阳江镇和塔洋镇土壤有效锌含量最高,分别为15.73 mg/kg和14.41 mg/kg,其余乡镇土壤有效锌含量均低于10 mg/kg,以大路镇含量最低,为1.23 mg/kg。按照土壤养分的分级标准,达一级标准的样点比例为67.72%,二级标准为25.69%,三、四和五级土壤所占比例均较低,其所占比例之和为11.59%,由此可见,琼海市耕地耕层土壤有效锌含量丰富,属于锌含量丰富地区。

表 4-25 为琼海市耕地土壤属性总体统计结果。

表 4-25 琼海市耕地土壤属性总体统计结果

测定项目	最小值	最大值	标准差	变异系数/%	平均值
有机质/(g/kg)	3.1	70.8	9.7	35.7	27.1
碱解氮/(mg/kg)	17.2	391.6	55.8	33.4	167.3
有效磷/(mg/kg)	0.1	569.3	61.2	169.0	36.2
速效钾/(mg/kg)	2.8	787.6	53.7	96.6	55.6
交换性钙/(mg/kg)	51.5	2 160.3	304.5	46.1	660.5
交换性镁/(mg/kg)	0.5	830.8	101.3	83.4	121.5
有效硫/(mg/kg)	4.5	259.6	35.7	66.3	53.8
有效硼/(mg/kg)	0.009	3.955	0.289	96.1	0.300
有效锌/(mg/kg)	0.02	90.61	6.90	118.9	5.81
pH	3.36	7.91	0.49	9.9	4.90

第五章　耕地地力评价

琼海市耕地面积 3.83 万 hm^2，本次耕地地力评价根据琼海市特定气候区域及地形地貌、成土母质、土壤理化性状、农田基础设施等要素相互作用表现出的综合特征，运用模糊数学理论、层次分析法等数学方法，对该市耕地地力等级进行合理划分。本次耕地地力评价的目的在于探明琼海市耕地生产力的高低及其潜在生产力情况。

第一节　耕地地力等级划分

一、耕地地力评价概括

本次耕地地力评价采用了农业部推荐的评价方法进行综合评价。琼海市耕地评价单元有 10 037 个，由土壤图与土地利用现状图叠加生成。评价指标体系由土壤管理、立地条件、土壤理化性状，土壤剖面构型四大类 12 个指标组成。

依据模糊数学的理论，将选定的评价指标与耕地生产能力的关系分为戒上型函数、戒下型函数、峰型函数、直线型函数以及概念型 5 种类型的隶属函数。对于前 4 种函数，用特尔菲法拟合隶属函数，如表 5-1 所示。而概念型指标如成土母质、地貌类型、耕层厚度等，与耕地生产能力之间是一种非线性的关系，采用特尔菲法直接给出隶属度。各评价因素及其隶属度见表 5-2 至表 5-7。

表 5-1　评价因素及其隶属函数

项目	隶属函数	C	U_t
pH	$X_2=1/(1+0.422\,868(X_1-6.79)^2)$	$C=6.8$	$U_1=4$，$U_2=9.5$
有机质/(mg/kg)	$X_2=1/(1+0.005\,13(X_1-26.709\,9)^2)$	$C=27$	$U=8$
有效磷/(mg/kg)	$X_2=1/(1+0.006\,799(X_1-21.879\,1)^2)$	$C=22$	$U=5$
速效钾/(mg/kg)	$X_2=1/(1+0.000\,09(X_1-159.999\,5)^2)$	$C=160$	$U=30$
交换性镁/(mg/kg)	$X_2=1/(1+4.14(X_1-1.0)^2)$	$C=1.0$	$U<0.2$
全氮/(g/kg)	$X_2=1/(1+4.56(X_1-0.8)^2)$	$C=0.8$	$U=0.2$

表 5-2　耕层厚度隶属度及其描述

描述	＜12 cm	12～14 cm	14～16 cm	16～18 cm	＜18 cm
隶属度值	0.5	0.7	0.8	0.9	1

表 5-3　轮作制度隶属度及其描述

描述	一年一熟	一年两熟	一年三熟	多年生作物
隶属度值	0.6	0.8	0.9	0.5

表 5-4　排涝能力隶属度及其描述

描述	强(40～50)	中(20～40)	弱(＜20)
隶属度值	1	0.6	0.2

表 5-5　障碍层状况隶属度及其描述

描述	无	60～80 cm	40～60 cm	＜40 cm
隶属度值	1	0.8	0.7	0.5

表 5-6 土壤侵蚀类型隶属度及其描述

描述	无	轻	中	强	极强
隶属度值	1	0.8	0.6	0.5	0.3

表 5-7 成土母质类型隶属度及描述

描述	冲积物	黏质冲积物	坡积物	泥岩类残积物	残积物	滨海沉积物	沙质滨海沉积物
隶属度	0.9	0.7	0.6	0.4	0.4	0.2	0.1

单因素的权重通过层次分析法来确定。首先,根据琼海市耕地地力指标各个要素间的关系,构造耕地地力评价要素层次结构图;然后邀请专家比较同一层次各因素对上一层次的相对重要性,给出数量化的评估,形成判断矩阵;根据判断矩阵计算矩阵的最大特征根与特征向量,并进行一致性检验,最终求得各评价因素的组合权重,即为评价指标的单因素实际权重(表 5-8)。

表 5-8 琼海市耕地地力评价层次分析结果

层次 A	层次 C				
	土壤管理 0.204 7	立地条件 0.342 4	理化性状 0.275 9	剖面构型 0.177 0	组合权得 $\sum C_iA_i$
排涝能力	0.200 0				0.040 9
种植制度	0.800 0				0.163 8
成土母质		0.428 6			0.146 7
土侵蚀程度		0.571 4			0.195 7
速效钾			0.139 6		0.038 5
交换性镁			0.127 2		0.035 1
pH			0.137 2		0.037 8
全氮			0.139 0		0.038 3
有效磷			0.164 6		0.045 4
有机质			0.292 4		0.080 7
障碍层厚度				0.540 5	0.095 7
耕层厚度				0.459 5	0.081 3

根据加乘法则，在相互交叉的同类中采用加法模型进行计算综合性指数。

图 5-1 为评价模型构建。

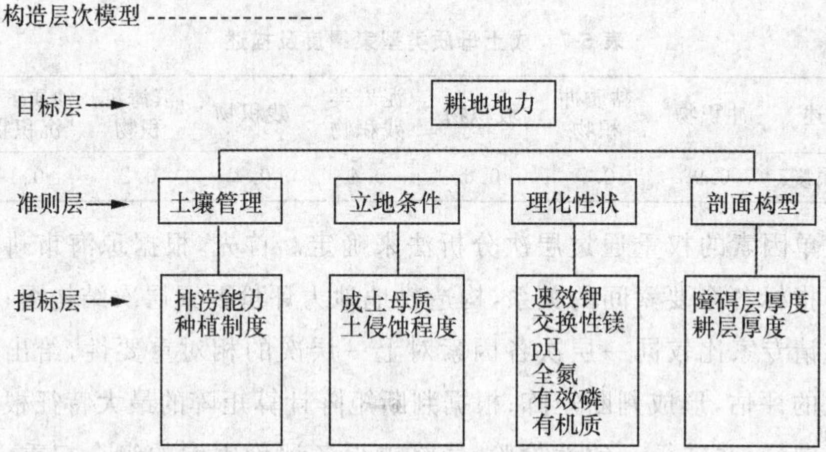

图 5-1　评价模型构建

目标层判别矩阵原始资料：

1.000 0	0.500 0	0.850 1	1.200 0
2.000 0	1.000 0	1.000 0	2.000 0
1.176 4	1.000 0	1.000 0	1.428 6
0.833 3	0.500 0	0.700 0	1.000 0

特征向量：[0.204 7，0.342 4，0.275 9，0.177 0]

最大特征根为：4.026 9

CI=8.959 181 533 147 86E−03

RI=0.9

$CR=CI/RI$=0.009 954 65 < 0.1

一致性检验通过！

准则层(1)判别矩阵原始资料:

1.000 0	0.250 0
4.000 0	1.000 0

特征向量:[0.200 0,0.800 0]

最大特征根为:2.000 0

$CI=0$

$RI=0$

$CR=CI/RI=0.000\,000\,00<0.1$

一致性检验通过!

准则层(2)判别矩阵原始资料:

1.000 0	0.750 0
1.333 3	1.000 0

特征向量:[0.428 6,0.571 4]

最大特征根为:2.000 0

$CI=-1.250\,007\,812\,592\,1E-05$

$RI=0$

$CR=CI/RI=0.000\,000\,00<0.1$

一致性检验通过!

准则层(3)判别矩阵原始资料:

1.000 0	1.250 0	1.111 1	0.769 2	0.909 1	0.500 0
0.800 0	1.000 0	1.000 0	1.000 0	1.000 0	0.333 3
0.900 0	1.000 0	1.000 0	1.000 0	1.000 0	0.500 0
1.300 0	1.000 0	1.000 0	1.000 0	1.000 0	0.333 3
1.100 0	1.000 0	1.000 0	1.000 0	1.000 0	1.000 0

2.000 0　3.000 0　2.000 0　3.000 0　1.000 0　1.000 0

特征向量:[0.139 6，0.127 2，0.137 2，0.139 0，0.164 6，0.292 4]

最大特征根为:6.131 3

CI=0.026 251 286 246 468

RI=1.24

$CR=CI/RI$=0.021 170 39 < 0.1

一致性检验通过!

准则层(4)判别矩阵原始资料:

1.000 0　1.176 5

0.850 0　1.000 0

特征向量:[0.540 5，0.459 5]

最大特征根为:2.000 0

CI=1.249 992 187 579 71E−05

RI=0

$CR=CI/RI$=0.000 000 00 < 0.1

一致性检验通过!

层次总排序一致性检验:

CI=7.240 995 828 286 48E−03

RI=0.342 131 771 068 519

$CR=CI/RI$=0.021 164 35 < 0.1

总排序一致性检验通过。

二、耕地地力综合指数分级方案

根据琼海市耕地地力综合指数计算结果,结合本地区的实际,运用累积曲线法对琼海市耕地地力综合指数进行分级，具体方案（表 5-9）。

表 5-9　琼海市耕地地力评价等级划分方案

级别	综合指数	级别	综合指数
一级	≥0.84	四级	0.74～0.60
二级	0.84～0.81	≤0.70	五级
三级	0.81～0.74		

三、耕地地力等级划分结果

根据琼海市耕地地力等级划分方案，对每一个评价单元进行等级划分，并按土种类型和乡镇分布分别进行统计。

（一）琼海市不同土种类型耕地地力等级划分

根据不同土种类型耕地地力等级的分布情况可知，不同土种类型的耕地地力等级分布不均。一级耕地在不同土种类型中，以黄赤黏土田的面积最大，为 414.4 hm^2，占该土种总面积的 54.0%。乌潮泥田和泥肉田均为一级耕地（129.2 hm^2 和 206.8 hm^2），表明此两土种的耕地地力水平均较高。其他土种类型中，一级耕地超过 100 hm^2 的还有赤沙泥土田、厚厚浅海沉积物黄色砖红壤、黑沙泥田、黄赤土田、潮沙田、乌赤土田、乌黄赤土田和潮沙泥田，但一级耕地所占对应土种总面积比例差异较大，如黄赤土田的一级耕地面积为 169.2 hm^2，但一级耕地占该土种总面积的比例仅为 18.4%。从分布比例上来看，厚厚浅海沉积物黄色砖红壤、黄赤黏土田、黄赤沙地、潮沙泥土、砂泥青泥格田、潮沙田、潮沙沙漏田的一级耕地比例均超过 50%，此几种类型的一级耕地的分布比例表明其耕地地力水平较高。

二级耕地分布面积超过 200 hm^2 的土种为黄赤土田、赤土田、乌赤土田、彩土田、潮沙泥田和乌黄赤土田，此六类型土种的二级耕地占全部二级耕地的 45.6%，表明二级耕地在这几种土种中的分布较为集中。不同类型土种的二级地面积比例分布也不均，厚厚砂页岩黄色砖红壤和彩土田等 8 种类型土种的二级耕地比例超过 40%，厚厚砂页岩黄色赤红壤、牛肝土田等 32 种土种未分布有该等级耕地。

三级耕地在琼海分布最广，分布面积超过 500 hm^2 的土种有黄赤沙泥田和潮泥田，其分布面积分别为 538 hm^2 和 707.8 hm^2，分布面积超过 100 hm^2 的土种有中厚花岗岩黄色砖红壤、赤土田等 30 种。虽然黏土田、低白鳝泥田等 12 类型的土种耕地面积均较低（低于 60 hm^2），但该类土种耕地全部为三级耕地，此类土种的耕地地力处于中等水平。

四级耕地也分布较广，仅次于三级耕地的分布。该等级耕地在不同土种间的分布不均，以红赤沙泥地的面积最大，为 630.3 hm^2，占全部四级耕地的 14.3%。中厚花岗岩黄色砖红壤、薄厚花岗岩黄色砖红壤和黄赤沙泥田的四级耕地在该等级的分布也较广，其面积分别为 318.0 hm^2、332.2 hm^2 和 365.6 hm^2。从比例上来看，该等级面积比例超过 90%的土种有砂仔地等 7 种，表明此几种土种的耕地地力水平均较低。

五级耕地在不同土种类型中分布极度不均，红赤沙泥地面积最广，为 1 085.6 hm^2，占该等级耕地的 33.6%，其次为半沙坜田，在该等级的分布面积为 959.9 hm^2，红赤沙泥地和半沙坜田的五级耕地占全部五级耕地的 50.6%。五级耕地比例超过 50%的土种有浅脚沙土田、黄赤沙泥地等 10 种，表明此 10 种土种的耕地地力水平均相对较低。

表 5-10 为琼海市不同土种类型耕地地力等级划分结果。

表 5-10 琼海市不同土种类型耕地地力等级划分结果 hm²

土种	等级					
	一级	二级	三级	四级	五级	总计
牛肝土田	0.0	0.0	196.3	292.5	7.0	495.8
紫沙泥田	0.0	0.0	259.6	169.9	30.8	460.3
黑沙泥田	127.0	95.0	36.3	0.0	0.0	258.3
黑泥底田	0.0	152.4	256.2	0.0	7.5	416.1
低黑泥格田	0.0	106.2	247.7	0.7	46.6	401.2
赤土田	0.0	218.8	437.6	115.6	12.5	784.6
彩土田	0.0	287.9	403.5	0.2	10.5	702.1
乌赤土田	199.1	221.1	433.7	1.6	7.8	863.2
赤沙泥土田	101.3	154.0	231.0	5.2	27.4	518.9
黄赤土田	169.2	214.8	494.5	20.1	20.7	919.4
黄赤沙泥田	0.0	0.0	538.0	365.6	55.8	959.4
乌黄赤土田	292.4	382.2	106.7	0.0	118.7	900.1
黄赤黏土田	414.1	185.7	37.8	0.0	128.6	766.2
潮沙田	183.0	107.2	5.4	0.0	0.0	295.6
潮沙泥田	300.0	325.7	166.4	0.0	0.0	792.1
潮泥田	0.0	151.2	707.8	281.2	164.9	1 305.1
乌潮泥田	129.2	0.0	0.0	0.0	0.0	129.2
泥肉田	206.8	0.0	0.0	0.0	0.0	206.8
松泥田	0.0	45.1	188.3	17.2	5.7	256.3
赤泥肉田	46.2	102.5	168.4	0.0	0.0	317.1
红赤泥肉田	0.0	92.3	157.5	7.4	0.0	257.3
黄红赤泥肉田	0.0	4.1	87.0	0.0	0.0	91.1
沙土田	0.0	69.3	89.7	23.8	2.8	185.7
半沙坜田	0.0	0.0	127.3	282.9	549.7	959.9
黄土田	0.0	41.2	262.8	96.9	3.4	404.2
沙土田	0.0	0.0	27.9	20.4	2.4	50.6
沙泥土田	0.0	0.0	26.0	63.0	153.2	242.2
黏土田	0.0	0.0	2.8	0.0	0.0	2.8
浅脚沙土田	0.0	0.0	0.0	3.0	3.3	6.3

续表 5-10

土种	等级					
	一级	二级	三级	四级	五级	总计
浅脚半沙坜田	0.0	0.0	5.8	4.8	0.0	10.6
冷底田	0.0	0.0	15.7	0.0	0.0	15.7
铁锈水田	0.0	0.0	7.5	2.2	0.0	9.7
乌泥底田	9.2	12.8	13.7	0.0	0.0	35.7
砂泥青泥格田	44.8	28.4	0.0	0.0	0.0	73.3
赤土青泥格田	5.6	12.7	229.6	3.8	0.0	251.7
红赤土青泥格田	0.0	0.0	27.3	1.5	0.0	28.8
砂泥低青泥格田	0.0	2.5	21.6	7.5	0.0	31.7
赤土低青泥格田	34.0	10.0	60.8	0.0	0.0	104.8
红赤土低青泥格田	0.0	0.0	0.0	6.4	105.1	111.5
黄赤土低青泥格田	0.0	0.0	10.3	8.6	23.1	42.0
黄红赤低青泥格田	0.0	0.0	1.0	91.2	0.4	92.6
低白鳝泥田	0.0	0.0	2.1	0.0	0.0	2.1
黑沙泥田	0.0	0.0	0.0	6.6	0.0	6.6
黄沙田	0.0	9.4	17.6	42.1	0.0	69.2
白沙田	0.0	0.0	0.9	2.2	0.0	3.1
红沙漏田	0.0	0.0	36.5	41.5	7.8	85.8
黄红沙漏田	0.0	0.0	34.0	32.9	10.8	77.8
黄沙漏田	17.8	122.0	136.0	4.7	0.0	280.5
潮沙沙漏田	19.1	0.9	8.7	0.0	0.0	28.8
烂湴田	32.8	24.9	102.5	5.8	0.0	166.1
深湴田	0.0	0.5	23.4	0.0	0.0	23.8
湴眼田	0.0	0.0	153.5	8.7	0.0	162.3
厚厚砂页岩黄壤	0.0	0.0	11.4	0.0	0.0	11.4
厚厚花岗岩黄色赤红壤	0.0	0.0	1.5	1.1	0.0	2.6
厚厚砂页岩黄色赤红壤	0.0	0.0	1.0	0.0	0.0	1.0
薄厚玄武岩黄色砖红壤	0.0	0.0	50.8	12.8	0.0	63.6
中厚玄武岩黄色砖红壤	0.0	73.1	323.6	257.0	12.0	665.7
赤泥地	0.0	0.0	51.5	138.1	112.0	301.6
赤沙地	0.0	1.5	52.4	0.4	0.0	54.3

续表 5-10

土种	等级					
	一级	二级	三级	四级	五级	总计
赤黏土地	56.2	45.6	246.6	4.1	0.0	352.5
厚厚浅海沉积物黄色砖红壤	118.2	11.8	0.0	0.0	0.0	130.0
薄厚浅海沉积物黄色砖红壤	0.0	0.0	138.6	132.3	0.3	271.2
中厚浅海沉积物黄色砖红壤	0.7	137.4	158.7	5.1	0.0	301.9
黄赤沙地	82.8	27.5	33.7	0.0	0.0	144.0
黄赤沙泥地	0.0	0.0	5.7	5.2	12.9	23.9
厚厚花岗岩黄色砖红壤	0.0	0.4	9.9	0.0	0.0	10.3
薄厚花岗岩黄色砖红壤	0.0	0.0	115.0	332.2	41.0	488.2
薄中花岗岩黄色砖红壤	0.0	0.0	2.1	0.0	0.0	2.1
薄薄花岗岩黄色砖红壤	0.0	0.0	0.0	11.9	0.0	11.9
中厚花岗岩黄色砖红壤	0.0	0.0	461.5	318.0	80.5	860.1
中薄花岗岩黄色砖红壤	0.0	0.0	4.3	6.3	0.0	10.6
赤泥地	0.0	1.4	26.1	0.0	0.0	27.5
红赤沙泥地	0.0	0.0	282.5	630.3	1 085.6	1 998.4
砂仔地	0.0	0.0	0.8	37.2	3.1	41.2
厚厚砂页岩黄色砖红壤	0.0	2.9	3.5	0.7	0.0	7.2
薄厚砂页岩黄色砖红壤	0.0	0.0	1.3	14.7	32.4	48.4
薄薄砂页岩黄色砖红壤	0.0	0.0	8.6	0.0	0.0	8.6
中厚砂页岩黄色砖红壤	0.0	0.0	115.6	252.1	257.8	625.5
黄红赤土沙地	0.0	0.0	58.8	0.0	0.0	58.8
沙泥地	0.0	78.6	293.3	73.4	9.2	454.6
厚有机质层厚层玄武岩砖红壤	0.0	0.0	4.0	0.0	0.0	4.0
中有机质层厚层玄武岩砖红壤	0.9	3.1	0.0	0.0	0.0	4.0
赤泥地	1.0	0.0	2.3	0.0	0.0	3.3
牛肝土地	0.0	0.0	0.0	0.0	1.0	1.0
菜地	0.0	0.0	0.0	6.2	6.6	12.8
菜塘	0.6	2.0	0.5	0.0	0.0	3.1
潮沙土	0.0	4.5	23.7	0.0	2.5	30.7
潮沙泥土	18.2	13.4	0.0	0.0	0.0	31.5
潮泥土	0.0	0.2	18.3	3.8	0.0	22.2
潮石砾土	0.0	2.2	3.6	0.0	0.0	5.8
潮沙地	0.0	2.8	16.7	29.8	7.7	57.0
潮沙泥地	0.0	31.0	138.4	32.4	15.3	217.2
潮泥地	0.0	1.4	3.0	0.0	0.0	4.4

续表 5-10

土种	等级					
	一级	二级	三级	四级	五级	总计
滨海泥滩	0.0	0.0	7.0	0.0	0.0	7.0
滨海草滩	0.0	0.0	0.0	14.8	0.0	14.8
滨海林滩	0.0	0.0	14.6	0.0	0.0	14.6
固定沙土	0.0	0.0	73.7	3.2	41.2	118.1
半固定沙土	0.0	0.0	4.2	0.0	2.2	6.4
滨海沙土地	0.0	0.0	23.9	0.0	0.0	23.9
沼泽土	0.0	0.0	41.3	11.5	2.6	55.4
砂页岩石质土	0.0	0.0	0.0	4.0	0.0	4.0
石英变质岩石质土	0.0	0.0	0.0	32.3	1.5	33.8

(二)琼海市各镇耕地地力等级划分

从表 5-11 可以看出,琼海耕地一、二、三、四和五级的面积分别占

表 5-11　琼海市各镇耕地地力等级划分结果　hm^2

乡镇	等级					
	一级	二级	三级	四级	五级	总计
博鳌镇	412.6	427.9	443.1	0.3	0.0	1 283.9
长坡镇	1.2	22.3	1 125.5	1 288.1	1 326.9	3 764.0
大路镇	187.9	191.9	1 286.3	663.0	266.9	2 596.0
会山镇	0.0	9.1	184.9	49.4	9.5	253.0
嘉积镇	572.3	674.4	1 490.6	298.0	289.0	3 324.2
龙江镇	101.4	97.2	121.6	29.4	426.4	775.9
石壁镇	235.2	227.8	248.1	16.0	2.8	729.9
塔洋镇	28.7	60.5	755.8	580.2	602.1	2 027.3
潭门镇	225.0	448.0	578.2	123.8	10.8	1 385.8
万泉镇	113.7	205.8	787.3	475.1	358.2	1 940.1
阳江镇	27.3	245.5	1 105.4	727.2	76.4	2 181.7
中原镇	615.4	982.4	1 355.2	93.1	6.0	3 052.1
总计	2 520.8	3 592.9	9 482.0	4343.5	3 374.9	23 314.0

全市耕地总面积的10.81%、15.42%、40.7%、18.64%和14.48%，该市耕地主要为二、三、四级，此3种等级耕地约占全市耕地的75%，故琼海耕地地力为中等水平。地力等级高的一、二和三级耕地主要分布于琼海中部地区，在加积、潭门、博鳌和中原镇呈树枝状分布，且沿河道分布的特征明显。

博鳌镇耕地总面积为1 283.9 hm^2，其耕地主要集中分布于前三等级，一、二、三级耕地在该镇的分布比例分别为32.1%、33.3%和34.5%，表明该镇的耕地地力综合水平较高。前三级耕地在该镇呈树枝状分布，在一定程度上与水系分布有关，一级耕地距离主要的河流水系最近，其次为二级耕地，三级耕地则在二级耕地外围和部分一级耕地外围夹杂分布。

长坡镇耕地面积为3 764.9 hm^2，耕地的地力综合水平主要分布于三到五级，其中三级耕地为1 125.5 hm^2(29.9%)，四级耕地1 288.1 hm^2(34.2%)，五级耕地分布最广，面积为1 326.9 hm^2(35.3)，表明长坡镇的耕地地力水平总体较低。一级和二级耕地分别为1.2 hm^2和22.3 hm^2，仅在该镇东北部地区零星分布。三、四、五等级耕地在该镇夹杂分布，总体上呈现从东到西耕地地力水平逐渐下降的趋势，尤其是在该镇与大路镇和塔洋镇交界附近，主要分布的为五级耕地。

大路镇的耕地总面积为2 596.0 hm^2，耕地在各等级均有分布，但分布不均，其中三级耕地分布最广，为1 286.3 hm^2，占该镇耕地的49.5%，其次为四级耕地，为663.0 hm^2(25.2%)，三级和四级耕地共计占全镇耕地的75%，表明该镇耕地的地力水平为中等偏下。一级和二级耕地在该镇面积接近，分别为187.9 hm^2和191.9 hm^2，主要分布于该镇的西部地区。三级耕地广泛分布，且在中东部地区成片分布，南部地区分布有四级耕地。五级耕地面积为266.9 hm^2，在该镇的南部与塔洋镇交界地区有分布。

会山镇位于琼海南部，地形较为复杂，该镇耕地面积较少，为 253 hm^2，该镇耕地绝大部分为三级耕地，其面积为 184.9 hm^2（73.1%），一级耕地在该镇没有分布，表明该镇耕地地力水平为中等偏下。

加积镇耕地占琼海全部耕地的比例最高，其耕地总面积为 3 324.2 hm^2，该镇的耕地以三级耕地分布最广，面积为 1 490.6 hm^2，所占该镇耕地比例为 44.8%，且一级和二级耕地面积均超过 500 hm^2，表明该镇的耕地地力水平处于中等偏上水平。一级耕地在该镇的分布面积为 572.3 hm^2（17.2%），二级耕地为 674.4 hm^2（20.3%），一级和二级耕地在该镇的中南部广泛分布，且沿河道呈树枝状展布特征明显。三级耕地在一级和二级耕地的外围分布。四级和五级耕地在该镇分布面积相对较低，其所占比例分别为 9.0%和 8.7%，主要分布在该镇北部与塔洋和大路交界地区。

龙江镇的耕地面积为 775.9 hm^2，该镇耕地虽然在各等级均有分布，但分布不均，有 55.0%为五级耕地，面积为 426.4 hm^2，表明该镇耕地地力总体处于中等偏下水平。前三级耕地主要成带状分布于该镇北部与石壁镇和全镇的交界地带，且沿河道分布。四级耕地比例相对较低（3.8%），四级和五级耕地集中分布于龙江的西南区。

石壁镇的耕地面积和龙江镇类似，但是该镇的耕地地力水平处于中等偏上水平。该镇前三级耕地占全镇耕地的 95%以上，其中一级耕地面积为 235.2 hm^2，二级耕地为 227.8 hm^2，三级耕地为 248.1 hm^2，该三等级耕地所占全镇耕地的比例分别为 32.2%、31.2%和 34.0%。四级和五级耕地比例均较低，分别为 2.2%和 0.4%。

塔洋镇耕地总面积为 2 027.3 hm^2，各等级耕地在该镇均有分布，但三级耕地面积比例最高（37.3%），其次为五级和四级（29.7%和

28.6%),表明该镇的耕地地力总体处于中等偏下水平。一级和二级耕地在该镇的分布面积均较低,分别为 28.7 hm^2 和 60.5 hm^2,所占该镇全部耕地的比例之和为 4.4%。三级耕地分布面积为 755.8 hm^2,四级耕地为 580.2 hm^2,五级耕地为 602.1 hm^2,三、四和五级耕地在全镇范围内均有分布,且五级耕地主要在四级耕地的外围分布。

潭门镇的耕地在各等级均有不同程度的分布,其中以前三级耕地为主,前三级耕地的面积之和为 90.3%,表明该镇耕地的综合地力水平较高,处于中等偏上水平。该镇一级耕地面积为 225.0 hm^2,主要分布于该镇的东北部靠近河道地区。二级耕地与一级耕地夹杂分布,其面积为 448.0 hm^2。三级耕地面积分布最广,为 578.2 hm^2,占该镇耕地总面积的 41.7%,该等级耕地呈枝状分布于该镇的中部地区。四级和五级耕地面积和所占耕地比例均较低,在该镇的北部地区零星分布。

万泉镇耕地总面积为 1 940.1 hm^2,在各等级均有不同程度的分布,其中以三级耕地所占比例最高,其次为四级和五级,三到五级耕地所占比例之和为 83.5%,表明该镇耕地地力总体上处于中等偏下水平。该镇的一、二级耕地集中分布于万泉河沿岸,该两等级耕地面积相对较低,占全部耕地的比例为 16.5%。三级耕地在该镇的北部地区分布较为集中,且夹杂分布有四级和五级耕地,该镇中南部主要分布有四级和五级耕地。

阳江镇耕地为 2 181.7 hm^2,各等级耕地在该镇均有分布,但各等级分布不均,以第三和第四等级耕地为主,该两等级耕地面积分别为 1 105.4 hm^2 和 727.2 hm^2,占该镇耕地总面积的 84%,表明该镇耕地总体上处于中等水平。一级和二级耕地在阳江的面积为 27.3 hm^2 和 245.5 hm^2,所占比例较低,该两等级耕地零星分布于沿河道两侧。分布最广的三级和四级耕地在展布于该镇中部地区。五级耕地在该镇仅零星分布于南部，该等级耕地面积为 76.4 hm^2。

中原镇的耕地面积为 3 052.1 hm^2，分布有各等级耕地，三级耕地分布最广，其次为第二和第一等级，因此该镇耕地地力等级为中等偏上。一级到五级耕地面积分别为 615.4 hm^2、982.4 hm^2、1 355.2 hm^2、93.1 hm^2 和 6 hm^2，一、二等级耕地呈斑状分布于该镇的大部分区域，第三等级耕地在全镇均成片分布，四级和五级耕地零星分布于前三级耕地之间。

第二节　耕地地力等级描述

按照耕地地力综合指数分级方案对每一个评价单元进行等级划分，并按累积曲线法将琼海市耕地分为五级，并通过调查将耕地地力综合指数转换为概念性产量，用市耕地地力一至五级分别对应于全国耕地地力等级体系的四至八级，评价结果表明琼海市耕地地力处于中下水平。现对各级耕地的面积分布情况和主要分布特点加以描述。

一、一级地

(一)面积与分布

全市一级耕地 2 520.8 hm^2，占耕地总面积的 10.81%，在各乡镇间分布不均，在中原、加积和博鳌分布面积最广，分别为 615.4 hm^2、572.3 hm^2 和 412.6 hm^2，该 3 个乡镇的一级耕地占该等级耕地总面积的 63.5%。在会山镇没有该等级耕地分布，长坡、阳江和塔洋镇的一级耕地分布面积也较低，均低于 30 hm^2。

(二)主要特点

一级地主要分布在琼海的中部地区,土壤质地适中,灌溉条件优越的水系河网地区。耕地土壤母质类型为浅海沉积物、玄武岩和河流冲击物,其耕层厚度范围为13～30 cm,一级地的养分情况统计结果如表5-12所示。土壤有机质含量范围为18.9～38.3 g/kg,含量均值为28.3 g/kg,标准差为3.1。土壤有效磷含量范围为6.1～184.4 mg/kg,平均含量30.6 mg/kg,标准差18.6。速效钾含量均值为58.5 mg/kg,其含量范围为27.0～115.0 mg/kg,标准差为15.0。土壤交换性镁的平均含量为127.5 mg/kg,含量范围和标准差分别为30.3～286.4 mg/kg和56.3 mg/kg。土壤pH的变幅为4.5～5.4,均值和标准差分别为4.8和0.2。

表5-12 一级地土壤养分统计表

项目	最小值	最大值	平均	标准差
有机质/(g/kg)	18.9	38.3	28.3	3.1
有效磷/(mg/kg)	6.1	184.4	30.6	18.6
速效钾/(mg/kg)	27.0	115.0	58.5	15.0
交换镁/(mg/kg)	30.3	286.4	127.5	56.3
pH	4.5	5.4	4.8	0.2

二、二级地

(一)面积与分布

全市二级耕地总面积3 592.8 hm^2,占耕地总面积的15.42%。其中中原镇的面积最大,为982.4 hm^2,其次为加积镇和潭门镇,分别为674.4 hm^2和448.0 hm^2,博鳌镇的该等级耕地也分布较广,为427.9 hm^2,该四镇的二级耕地占该等级耕地的70.5%。会山和长坡镇的二级耕地面积较低，均低于 30 hm^2。

(二)主要特点

二级地的分布格局和一级耕地类似，主要在琼海中部和万泉河两侧分布，主要成土母质为玄武岩、浅海沉积物、河流沉积物等，耕地耕层厚度为 10～36 cm。该等级耕地的养分指标统计结果如表 5-13 所示，pH 在 4.3～5.4 范围内分布，平均为 4.8。有机质含量 17.4～38.5 g/kg，平均含量为 28.2 g/kg，标准差为 4.2。土壤有效磷含量范围为 5.1～196.8 mg/kg，平均含量 36.6 mg/kg。速效钾在 24.0～154.0 mg/kg，含量均值为 56.1 mg/kg，变异系数为 13.3。交换性镁含量在 22.2～290.6 mg/kg 范围内分布，平均含量为 115.9 mg/kg。

表 5-13　二级地土壤养分统计表

项目	最小值	最大值	平均	标准差
有机质/(g/kg)	17.4	38.5	28.2	4.2
有效磷/(mg/kg)	5.1	196.8	36.6	27.7
速效钾/(mg/kg)	24.0	154.0	56.1	13.3
交换镁/(mg/kg)	22.2	290.6	115.9	57.2
pH	4.3	5.4	4.8	0.2

三、三级地

(一)面积与分布

全市三级耕地总面积 9 482 hm^2，是全市最主要的耕地，分布面积最广，占耕地总面积的 40.7%。该等级耕地在各乡镇均有分布，其中分布面积超过 1 000 hm^2 的有阳江、长坡、大路、中原和加积镇，该五镇的三级地占全市三级耕地的 67.1%。会山和龙江镇的该等级耕地面积较低，分别为 184.9 hm^2 和 121.6 hm^2。

(二)主要特点

三级地主要分布在该市的南部和北部地区,成土母质以花岗岩宽谷冲积物、浅海沉积物、河流冲积物和玄武岩为主,耕层厚度在7～40 cm。三级地的养分统计结果见表5-14。耕层养分含量水平中等,土壤有机质含量范围为14.6～38.6 g/kg,平均值为27.5 g/kg,pH范围为4.3～5.7,均值为4.8;有效磷含量范围3.0～337.4 mg/kg,其含量均值为38.8 mg/kg;速效钾在17.0～179.0 mg/kg范围内,平均含量52.0 mg/kg,交换性镁含量在17.8～292.7 mg/kg,平均为109.0 mg/kg。

表5-14　三级地土壤养分统计表

项目	最小值	最大值	平均	标准差
有机质/(g/kg)	14.6	38.6	27.5	4.2
有效磷/(mg/kg)	3.0	337.4	38.8	38.5
速效钾/(mg/kg)	17.0	179.0	52.0	19.8
交换镁/(mg/kg)	17.8	292.7	109.0	52.7
pH	4.3	5.7	4.8	0.2

四、四级地

(一)面积与分布

全市四级耕地总面积为4 343.5 hm^2,占耕地总面积的18.64%,该等级耕地在全市各镇均有分布,其中以长坡分布面积最广,为1 288.1 hm^2,占四级耕地总面积的29.7%,塔洋、大路和阳江镇的该等级耕地分布面积也超过了500 hm^2。

(二)主要特点

全市的四级地主要分布于南部的阳江镇和北部地区,主要的土壤母质为浅海沉积物、玄武岩、河流冲积物和等。耕层厚度在7～40 cm。四级地的养分统计结果见表5-15。土壤pH在4.3～5.6,平均pH为4.8;土壤有机质含量范围为114.5～38.7 g/kg,平均含量为25.9 g/kg;有效磷含量在3.0～333.1 mg/kg,含量均值为45.7 mg/kg;速效钾含量范围17.0～179.0 mg/kg,其平均含量为47.2 mg/kg,土壤中交换性镁含量在18.0～270.8 mg/kg,其均值为97.6 mg/kg。

表5-15　四级地土壤养分统计表

项目	最小值	最大值	平均	标准差
有机质/(g/kg)	14.5	38.7	25.9	4.9
有效磷/(mg/kg)	3.0	333.1	45.7	42.9
速效钾/(mg/kg)	17.0	179.0	47.2	22.9
交换镁/(mg/kg)	18.0	270.8	97.6	47.8
pH	4.3	5.6	4.8	0.2

五、五级地

(一)面积与分布

全市五级耕地面积为3 374.9 hm², 占耕地总面积的14.48%,各镇均有分布,但分布不均,其中以长坡镇分布最广,为1 326.9 hm²,占该等级耕地的39.3%。除博鳌镇没有该等级耕地分布外,石壁、中原和会山镇的五级耕地的分布面积均低于10 hm²。

(二)主要特点

主要分布于该市的南部龙江镇和北部地区，土壤母质主要为砂页岩、玄武岩、花岗岩、浅海沉积物和河流冲积物等，耕层厚度范围为4～36 cm，平均为16 cm。该等级耕地的养分特征如表5-16所示，土壤有机质含量范围为14.0～36.7 g/kg，平均含量为24.5 g/kg；土壤pH范围变幅为4.3～5.7，平均pH为4.9；土壤有效磷含量范围为7.3～307.1 mg/kg，含量均值为46.0 mg/kg；速效钾含量在17.0～192.0 mg/kg，其含量均值为49.6 mg/kg；土壤交换性镁的范围为20.0～265.5 mg/kg，其均值为111.7 mg/kg。

表 5-16 五级地土壤养分统计表

项目	最小值	最大值	平均	标准差
有机质/(g/kg)	14.0	36.7	24.5	4.2
有效磷/(mg/kg)	7.3	307.1	46.0	44.3
速效钾/(mg/kg)	17.0	192.0	49.6	26.8
交换镁/(mg/kg)	20.0	265.5	111.7	48.3
pH	4.3	5.7	4.9	0.2

第三节 评价结果与全国耕地地力等级体系

一、全国耕地地力等级体系

农业部于1997年颁布了“全国耕地类型区、耕地地力等级划分”农业行业标准(NY/T 309—1996)。该标准将全国耕地按具有农业土壤类型、气候条件、土地利用特征共性的特定区域和范围划分为七大类型区，并根据耕地基础地力不同所构成的生产能力，将全国耕地分为10个地力等级。其粮食单产水平为大于900 kg/亩至小于100 kg/亩，级差100 kg/亩，即一等地为大于900 kg/亩，二等地800～900 kg/亩，三等地700～800 kg/亩，四等地600～700 kg/亩，五等地500～600 kg/亩，六等地400～500 kg/亩，七等地300～400 kg/亩，八等地200～300 kg/亩，九等地100～200 kg/亩，十等地小于100 kg/亩。

通过以全年粮食产量水平作为引导因素，将耕地引入不同的地力等级中，确立7个耕地类型区的地力等级范围，作为全国耕地不同等级面积统计的统一标准。

二、评价结果归入全国耕地地力等级体系

根据“全国耕地类型区、耕地地力等级划分”的标准，琼海市耕地类型为南方稻田耕地类型区。

按照“全国耕地类型区、耕地地力等级划分”的方法，以土种为评价单元，以水稻年亩产作为指标进行划分。在划分过程中，以琼海市第二次土壤普查资料为基础，结合本次调查的实际产量水平，确定各土种类型耕地水稻年产量水平和地力等级，然后计算不同地力等级的面积，并将划分结果与本次综合评价结果进行比较，见表5-17。

表5-17　耕地地力综合评价结果与地力等级体系划分结果比较

全国等级	本次评价	面积/hm^2	比例/%	生产能力/(kg/hm^2)
四级	一级	2 520.8	10.81	9 783.67
五级	二级	3 592.8	15.42	8 230.82
六级	三级	9 482	40.7	6 752.45
七级	四级	4 343.5	18.64	5 217.94
八级	五级	3 374.9	10.48	3 797.38

从表5-17中可以看出，两种耕地地力等级划分结果差异较大。可能的原因是：第一，由于琼海市近年来水稻种植以优质稻为主，产

量相对偏低；第二，由于农民的经济能力、文化水平、思想意识以及采用的技术措施不同，对耕地的实际产量影响很大，适当的栽培管理措施能够在地力较差的土壤上获得较高的产量，反之，不恰当的人为因素可能会限制耕地地力的发挥，获得较低产量；第三，琼海市近年来反季节瓜菜大量种植，轮作制度以晚稻-冬春瓜菜为主，由于瓜菜的品种不同，价格也不同，造成统计产值上有很大差异。

第六章　耕地环境质量

本次调查针对琼海市工业及“三废”排放情况，分别对主要工业污染及生活污水排放有关联的水稻田、蔬菜地土壤及灌溉水取样，共采集土壤污染样品 8 个，灌溉水样品 7 个，还调查了有关排污单位及农户的生产情况，并按照规程和要求进行重金属、农药残留等项目的测定，同时分别对大田和蔬菜地的环境质量状况进行了评价。

第一节　耕地土壤重金属含量

一、土壤污染调查情况

琼海市的工业主要分布在市中心加积镇周围。本次调查设点包括加积镇附近的龙池洋、龙寿洋、加水垌等 8 个农业点源污染调查点，污染源排放污染物有可能污染农田、水质的范围都在其中。琼海市主要污染源调查情况见表 6-1。

表 6-1　琼海市主要污染源调查情况

主要污染源	污染类型	主要污染物	分布地点
涤纶丝厂	工业废气废水	废水、粉尘	南寨龙池洋
丝绸厂	工业废水	废水	文坡洋
聚一华饲料厂	工业废弃物	废水、粉尘	上甬礼都龙寿洋

续表 6-1

主要污染源	污染类型	主要污染物	分布地点
洋水金洪贵金属厂	工业废弃物	废水	洋水加水垌
大路斯达制药厂	工业废水	废水	大路洋

二、耕地土壤重金属含量调查结果

本次调查 8 个农业点源污染样点的土壤重金属含量如表 6-2 所示。

表 6-2　点源污染土壤重金属含量调查结果　　mg/kg

编号	取样地点	pH	Hg	As	Pb	Cd	Cr	Cu	Zn	六六六	DDT
1	加积龙池洋	5.6	0.09	0.77	13.70	0.005	27.32	8.16	16.79	nd	nd
2	洋水加水垌	5.8	0.04	4.12	10.63	0.005	31.54	5.07	18.25	nd	nd
3	大路镇大路洋	6.0	0.06	10.46	9.16	0.030	78.84	6.74	8.3	0.010 6	0.007 8
4	上甬礼都洋	5.7	0.08	10.07	6.69	0.100	13.56	10.36	7.29	nd	nd
5	福田北甬	6.8	0.17	7.85	7.3	0.050	59.8	3.55	7.5	nd	nd
6	九曲乌皮洋	5.8	0.08	6.62	9.1	0.050	25.76	3.76	25.18	nd	nd
7	潭门草塘甬	6.3	0.15	2.62	3.2	0.005	61.53	2.42	4.78	nd	nd
8	博鳌珠塘洋	7.0	0.01	0.1	6.1	0.160	0.35	1.6	3.56	nd	nd

注:标有 nd 为未检出。

从表 6-2 可以看出,琼海市农业点源污染调查点土壤汞(Hg)含量范围在 0.01～0.17 mg/kg,平均为 0.085 mg/kg;砷(As)含量范围在0.1～10.46 mg/kg，平均5.33 mg/kg；铅(Pb)含量范围在3.2～13.70 mg/kg，平均8.24 mg/kg；镉（Cd）含量范围在0.005～0.16 mg/kg，平均0.051 mg/kg；铬（Cr）含量范围在0.35～78.84 mg/kg，平均37.34 mg/kg；铜(Cu)含量在1.6～10.36 mg/kg，平均5.21 mg/kg；锌（Zn）含量在3.56～25.18 mg/kg，平均11.46 mg/kg。六六六和DDT只大路洋有检出，不过都在污染物限值之内。

所有样品的重金属含量都未超过绿色食品产地环境土壤污染物限值(NY/T 391—2000)，都达到土壤单项指标1级标准。

第二节　耕地水环境状况

一、灌溉水状况

琼海市农田灌溉水主要来源于河流、水库和山塘蓄水。境内共有大小河流41条，集雨面积100 km^2 以上的万泉河、九曲江、新园水、塔洋河、加浪河和文曲河共6条。中型水库7宗，小型水库69宗，山塘62宗，总库容2.5亿 m^3。

农田灌溉以水库自流灌溉和机电提水灌溉为主。有效灌溉面积1.22万 hm^2，其中旱涝保收7 991.07 hm^2，机电排灌面积1 598.87 hm^2，有效灌溉面积达72.8%以上。

二、耕地水环境调查情况

此次调查采用了随机直接取样。就是在采集土壤样品的同时，在相应的地段灌溉渠道中取水样，本次共采集灌溉水样品7个，其调查分析结果如表 6-3 所示。

表 6-3 大田灌溉水水质调查结果 mg/L

编号	取样地点	pH	氰化物	氟化物	Hg	As	Pb	Cd	Cr^{6+}	石油类
1	加积龙池洋	6.6	0.001	0.4	0.001 1	0.000 2	0.000 1	0.000 1	0.005	0.09
2	泮水加水垌	6.4	0.001	0.2	0.000 2	0.000 2	0.000 1	0.000 1	0.003	0.21
3	上甬礼都洋	6.4	0.001	0.05	0.000 2	0.000 2	0.000 1	0.000 1	0.005	0.28
4	福田北甬	6.8	0.001	0.2	0.000 2	0.005	0.000 1	0.000 1	0.004	0.04
5	九曲乌皮洋	6.5	0.004	0.2	0.000 2	0.000 2	0.000 1	0.000 1	0.000 1	0.15
6	潭门草塘甬	6.2	0.002	0.2	0.001 0	0.002	0.002 5	0.000 25	0.002	0.05
7	博鳌珠塘洋	6.4	0.001	0.2	0.000 5	0.01	0.000 1	0.002	0.002	0.06

从表 6-3 可以看出，琼海市灌溉水氰化物含量范围在 0.001～0.004 mg/L，平均 0.001 5 mg/L；氟化物含量在 0.05～0.4 mg/L，平均 0.21 mg/L；总汞(Hg)含量范围在 0.000 2～0.001 0 mg/L，平均 0.000 5 mg/L；总砷(As)含量范围在 0.000 2～0.01，平均 0.002 5 mg/kg；总铅(Pb)含量在 0.000 1～0.002 5 mg/L，平均 0.000 5 mg/L；总镉(Cd)含量在 0.000 1～0.002 mg/L，平均 0.000 36 mg/L；总铬(Cr^{6+})含量在 0.000 1～0.005 mg/L，平均 0.006 mg/L。

除加积龙池洋灌溉水样点汞含量 0.001 1 mg/L 略高于限值 0.001 mg/L 灌溉水质标准外，其他样点均符合标准。表明琼海市灌溉水未受到污染，水质状况良好。

第三节　点源污染对农田的影响

一、工业“三废”排放情况

琼海市工业发展速度慢，基本上没有大工业，只有些来料加工。根据琼海市环保检测站的调查，主要排污的厂家有丝绸厂，年排污废水 9 078 t，经处理达标后排放。斯达制药厂年排污量 320 t，点源对农田及灌溉水的污染轻微。

二、化肥、农药对农田的影响

化肥、农药的大量使用在促进农业生产和提高人民生活水平的同时，也直接和间接对环境造成危害。施入土壤中的化肥、农药除草剂，一部分被农作物吸收，一部分会在土壤中残留，还会通过农田排水和地表径流进入地表水、江河、湖泊、池塘、污染水体。

(一)化肥对农田的影响

据统计，2003 年琼海市化学肥料施用实物 61 790 t，其中氮化肥（尿素）21 386 t，过磷酸钙-钙镁磷肥 29 865 t，氯化钾-硫酸钾肥 10 539 t，大量施用化肥或施用不当会对农田土壤性质的影响，农田土壤重金属的累积和水体富营养化等造成影响。

使用化肥对农田的影响主要表现在以下几个方面。

1.土壤养分不平衡

不同利用类型土壤由于化肥投入不同，引起养分不平衡。本次调查，种植双季稻每年平均施尿素 36.5 kg，过磷酸钙 26.5 kg，氯化钾 12.5 kg，钾的施用量较少。种植瓜菜的耕地单造施尿素 26.4 kg，过磷酸钙 100 kg，氯化钾 22 kg，三元复合肥 188 kg，以多种瓜菜吸收氮磷钾比例为 1∶0.4∶1.2 为参照，施磷肥过多。

2. 长期使用化肥会使土壤 pH 下降

长期施用铵态氮肥或酰胺类肥料（尿素），铵离子容易将吸附态的氢离子置换下来，使土壤酸化。还有氯化钾、硫酸钾这些生理酸性肥料，酸性过磷酸钙的过量施用都会加剧土壤酸化。土壤酸化使土壤的物理性状恶化，导致交换态铝和锰数量增加，对作物产生毒害。

3. 土壤重金属的积累

化肥的不合理施用造成土壤养分不平衡外，还会造成土壤重金属的积累，特别是磷肥的过量施用，重金属镉、汞、铬会随施肥进入土壤，这些重金属在土壤中移动小，不易被淋失和被微生物分解。长期施用就有可能在土壤中不断积累，危害生态环境。土壤中重金属的含量增加，作物吸收了这些重金属，会危害人类的健康。

（二）农药对农田的影响

据统计，2003 年琼海市农药销售量达 686 t。近年来随着反季节瓜菜种植面积逐年增加，农药的使用也随着增加。农药对农田的影响主要有以下几个方面。

1. 农药对农田土壤的影响

土壤是接受农药污染的主要场所，农药在土壤中的长期残留导致土壤环境发生改变和农作物产品中出现农药残留。农药污染土壤的途径主要是向农作物喷施杀虫剂、杀螨剂时，一部分散落地面，进入土壤。还有随污染水进入土壤。自从 1983 年国家禁止使用有机氯农药之后，有机氯农药逐渐退出市场。本次调查 8 个点源污染点，只有大路洋检测出六六六为 0.010 6 mg/kg，DDT 为 0.007 8 mg/kg，但远远低于绿色食品 0.1 mg/kg 标准。

2. 农药对灌溉水体的影响

在实施杀虫剂作业时，一部分农药散落进入土壤或水体。特别是一些水溶解度较大的农药如有机磷和氨基酸脂类农药，会随着灌溉水扩散。本次在野外调查时，地头、池塘、水渠中都发现不少使用过的农药罐和包装袋。农药对水体和土壤的污染不容忽视。

第四节 耕地环境质量评价

一、评价标准

(一)土壤污染评价标准

为确保农产品不受到水、土等环境影响，确保农产品优质安全，国家和有关行业制定了相应的土壤环境质量标准。这些标准包括：《绿色食品产地环境技术条件》(NY/T 391—2000)(表 6-4)、《无公害食品、蔬菜产地环境条件》(NY 5010—2001)(表 6-5)、《土壤环境质量标准》(NY/T 15168—1995)(表 6-6)、《农产品安全质量无公害蔬菜产地环境要求》(GB/T 18407—2001)(表 6-7)。

表 6-4 绿色食品产地环境土壤污染物限值(NY/T 391—2000) mg/kg

耕作条件	旱田			水田		
pH	<6.5	6.5～7.5	>7.5	<6.5	6.5～7.5	>7.5
镉	0.30	0.30	0.40	0.30	0.30	0.40
汞	0.25	0.30	1.35	0.30	0.40	0.40
砷	25	20	20	20	20	15
铅	50	50	50	50	50	50
铬	120	120	120	120	120	120
铜	50	60	60	50	60	60

表 6-5 无公害食品蔬菜产地环境条件(NY/T 5010—2001) mg/kg

项目	含量限值		
	pH<6.5	pH 6.5～7.5	pH>7.5
镉	0.30	0.30	0.60
汞	0.30	0.50	1.0
砷	40	30	25
铅	250	300	350
铬	150	200	250
铜	50	100	100

表 6-6 土壤环境质量标准(GB 15618—1995) mg/kg

项目		一级	二级			三级
		然背景	pH<6.5	pH 6.5～7.5	pH>7.5	pH>6.5
镉	≤	0.20	0.30	0.3	0.6	1.0
汞	≤	0.15	0.30	0.5	1.0	1.5
砷(水田)	≤	15	30	25	20	30
砷(旱田)	≤	15	40	30	25	40
铜(农田)	≤	35	50	100	100	400
铜(果园)	≤	—	150	200	200	400
铅	≤	35	250	300	350	500
铬(水田)	≤	90	250	300	350	400
铬(旱田)	≤	90	150	200	250	300
锌(旱田)	≤	100	200	250	300	500
镍(旱田)	≤	40	40	50	60	200
六六六	≤	0.05		0.5		1.0
DDT	≤	0.05		0.5		1.0

表 6-7　农产品安全质量无公害蔬菜产地环境要求 (GB/T 18407.1—2001)

mg/kg

项目		含量限值		
		pH<6.5	pH 6.5～7.5	pH>7.5
镉	≤	0.30	0.30	0.60
汞	≤	0.30	0.50	1.0
砷	≤	40	30	25
铅	≤	100	150	150
铬	≤	150	200	250
铜	≤	50	100	100
六六六	≤	0.5	0.5	0.5
DDT	≤	0.5	0.5	0.5

根据以上国家及有关行业标准，将土壤环境分为以下 3 级标准：

1 级，优，符合《绿色食品产地环境技术条件》(NY/T 391—2000)；

2 级，良，符合《无公害食品、蔬菜产地环境条件》(NY 5010—2001)；

3 级，不合格，超过 2 级标准。

根据本次调查监测的土壤环境元素，确定耕地土壤评价指标包括镉、汞、砷、铬、铅、铜、锌和六六六、DDT 等，表 6-8 为不同 pH 条件下的 3 级土壤污染物的含量标准。

表 6-8　耕地土壤单项指标评价标准　mg/kg

级别	pH 范围		Cu	Zn	Pb	Cd	Cr	As	Hg	六六六	DDT
1 级（优）	pH<6.5	≤	50	100	50	0.3	120	25	0.25	0.1	0.1
	pH 6.5～7.5	≤	60	120	50	0.3	120	20	0.30	0.1	0.1
	pH>7.5	≤	60	120	50	0.4	120	20	0.35	0.1	0.1
2 级（良）	pH<6.5	≤	50	200	250	0.3	150	40	0.30	0.5	0.5
	pH 6.5～7.5	≤	100	250	300	0.3	200	30	0.50	0.5	0.5
	pH>7.5	≤	100	300	350	0.6	250	25	1.0	0.5	0.5

续表 6-8

级别	pH 范围		Cu	Zn	Pb	Cd	Cr	As	Hg	六六六	DDT
3 级（不合格）	pH<6.5	>	50	200	250	0.30	150	40	0.30	0.5	0.5
	pH 6.5～7.5	>	100	250	300	0.30	200	30	0.50	0.5	0.5
	pH>7.5	>	100	300	350	0.60	250	25	1.0	0.5	0.5

(二)水污染状况评价标准

水污染状况评价标准主要有《绿色食品产地环境技术条件》(NY/T 391—2000)(表 6-9)、《无公害食品水质标准》(NY 5010—2001)(表 6-10)。

表 6-9 绿色食品产地环境灌溉水水质标准(NY/T 391—2000) mg/L

项目	pH	总汞	总镉	总砷	铬(六价)	铅	氟化物	粪大肠菌数/(个/L)
限值	5.5～8.5	0.001	0.005	0.05	0.1	0.1	2.0	10 000

表 6-10 无公害食品水质标准(NY 5010—2001) mg/L

项目	pH	化学需氧量	总汞	总镉	总砷	铬(六价)	铅	氟化物	氰化物	粪大肠菌数/(个/L)
限值	5.5～8.5	150	0.001	0.005	0.05	0.1	0.1	2.0	0.5	10 000

二、评价方法

本次采用尼梅罗污染指数法对土壤和灌溉水的环境质量进行评价。运用尼梅罗污染指数法分别计算土壤和灌溉水的综合污染指数。

(一)评价指标分类

由于不同环境要素的各项指标对人体及生物的危害影响不同，把土壤、灌溉水的评价指标分为两类，一类为严控指标，即只要有一项超标则视为该级别不合格，应相应降级；另一类为一般控制指标，即若有一项或多项超标，只要在该环境要素的综合污染指数小于1，可不降级，综合污染指数大于1时则降级。具体评价指标分类如表6-11所示。

表 6-11 评价指标分类

环境要素	严控指标	一般控制指标
土壤	Cd、Hg、As、Cr	Cu、Zn、Pb、DDT
灌溉水	Pb、Cd、Hg、As、Cr^{6+}	pH、COD、F

(二)污染指数计算方法

1.单因子指数法

通过单因子评价，可以确定主要的污染物及其危害程度，一般以污染指数来表示，以污染物实测值和评价指标相比来计算污染指数。

$$P_i = \frac{C_i}{S_i}$$

式中：P_i 为污染物的污染指数；C_i 为污染物的实测值；S_i 为污染物评价标准值，当 $P_i < 1$ 时表示未污染，$P_i > 1$ 时表示受污染。

2.综合污染指数法

由于单因子指数只能反映各个污染物的污染程度，不能全面、综合地反映土壤的污染状况，而综合污染指数兼顾了单因子污染指数平均值和最高值，综合污染指数计算方法如下：

$$P_{综} = \sqrt{\frac{1}{2}(P_{平均}^2 + P_{max}^2)}$$

式中：$P_{综}$ 为综合污染指数；$P_{平均}$ 为各单项污染指数（P_i）的平均值；P_{max} 为各单项污染指数中的最大值。

(三)土壤综合污染分级

根据土壤综合污染指数大小，对土壤污染程度进行分级(表6-12)。

表 6-12 土壤综合污染分级

土壤综合污染等级	土壤综合污染指数	污染程度	污染水平
1	$P_{综} \leqslant 0.7$	安全	清洁
2	$0.7 < P_{综} \leqslant 1.0$	警戒线	尚清洁
3	$1.0 < P_{综} \leqslant 2.0$	轻污染	污染物超过起始污染值，作物开始污染
4	$2.0 < P_{综} \leqslant 3.0$	中污染	土壤和作物污染明显
5	$P_{综} > 3.0$	重污染	土壤和作物污染严重

三、评价结果

(1)按照土壤污染评价方法计算各样点的单因子污染指数和综合污染指数，土壤污染状况评价如表 6-13 所示。

表 6-13 大田土壤污染评价结果 mg/kg

编号	取样地点	单因子污染指数 P_i									
		Hg	As	Pb	Cd	Cr	Cu	Zn	六六六	DDT	$P_{综合}$
1	加积龙池洋	0.30	0.04	0.27	0.02	0.23	0.16	0.17	0	0	0.24
2	泮水加水垌	0.13	0.21	0.21	0.02	0.26	0.10	0.18	0	0	0.22
3	大路洋	0.2	0.52	0.18	0.1	0.66	0.13	0.08	0.11	0.08	0.49
4	上甬礼都洋	0.27	0.50	0.13	0.33	0.11	0.21	0.07	0	0	0.39
5	福田北甬	0.57	0.39	0.15	0.17	0.50	0.07	0.08	0	0	0.45
6	九曲乌皮洋	0.27	0.33	0.18	0.17	0.21	0.08	0.25	0	0	0.28
7	潭门草塘甬	0.50	0.13	0.06	0.02	0.51	0.05	0.05	0	0	0.38
8	博鳌珠塘洋	0.03	0.13	0.12	0.53	0.003	0.03	0.04	0	0	0.38

大田土壤污染综合评价结果表明，所有的样点所有的单因子污染指数 P_i 都小于1，综合污染指数 $P_{综}$≤0.7 属1级，安全清洁。

（2）按照灌溉水污染评价方法计算各样点的单因子污染指数和综合污染指数，大田灌溉水污染状况评价如表6-14所示。

表6-14 大田灌溉水污染评价结果 mg/L

编号	取样地点	单因子污染指数 P_i							
		氰化物	氟化物	Hg	As	Pb	Cd	Cr	$P_{综合}$
1	加积龙池洋	0.002	0.2	1.1	0.004	0.001	0.02	0.05	0.79
2	泮水加水垌	0.002	0.1	0.2	0.004	0.001	0.02	0.03	0.15
3	上甬礼都洋	0.002	0.1	0.2	0.004	0.001	0.02	0.05	0.15
4	福田北甬	0.002	0.1	0.2	0.1	0.001	0.02	0.04	0.15
5	九曲乌皮洋	0	0.1	0.2	0.004	0.001	0.02	0.01	0.15
6	潭门草塘甬	0.004	0.1	1	0.04	0.025	0.05	0.02	0.72
7	博鳌珠塘洋	0.002	0.1	0.5	0.04	0.001	0.1	0.02	0.51

结果表明，加积龙池洋样点和潭门草塘甬灌溉水汞超2级，不合格。水质综合评价指数为0.79和0.72属尚清洁。其他样点灌溉水质很好，综合指数都小于0.7，属于清洁。

（3）综合评价。综合以上大田土壤和水质评价结果。琼海市耕地都没有受到污染，可作为海南省优质农产品和无公害食品生产基地，农田灌溉水质总体较好，符合无公害农产品水质标准。

第七章　蔬菜地质量状况及科学利用

第一节　蔬菜生产基本概况

蔬菜是人们生活的必需商品，蔬菜产品的优质卫生与否直接影响人民的健康和社会稳定。随着经济的高速发展和人口的增加，工业化、城市化进程加快，大量的工业污水和生活污水进入环境中，对农产品污染构成威胁。随着人民生活水平的提高，对蔬菜品质也提出更高的要求，尽量减少蔬菜受污染，保证人们能吃到高质量无污染的果蔬是全体人民的共同呼声。琼海市人民政府对此高度重视。琼海市土壤与灌溉水环境质量优良，又有雄厚的农业科技力量的支持，经过3年多的努力，全市各种瓜菜数量与质量都有较大的提高。2003年被农业部授予全国无公害瓜菜生产基地市。

琼海市地处热带，发展蔬菜生产具有得天独厚的有利条件，特别是冬春反季节瓜菜在内地大中城市很有市场。琼海市自20世纪90年代初就加大对农业结构的调整力度，逐步减少粮食种植面积，大力发展反季节蔬菜生产，建立起了一大批蔬菜基地。2010年，琼海市瓜菜种植面积1.39万 hm^2（复种），总产量47.3万t。其中，冬春季北调瓜菜种植面积 9 647 hm^2，总产量 38.5 万 t。已形成了具有特色的蔬菜种类如椒类、冬瓜、茄子、毛豆等，逐步成了琼海种植业的支柱。

本专题对琼海市蔬菜地的地力状况和环境质量状况进行了调查和质量评价，旨在摸清蔬菜地养分状况、生产能力、环境质量现状及存在问题，并提出对策和有效措施，为蔬菜生产管理和决策提供科学依据。

第二节　调查内容与方法

(一)调查范围

根据《全国耕地地力调查与质量评价技术规程》，蔬菜地调查包括专用蔬菜地、季节性蔬菜地等，据统计，琼海市蔬菜地主要以晚稻-冬春瓜菜为主，面积 7 万 hm^2 以上，常年蔬菜地 2 270 万 hm^2。本次调查主要以常年蔬菜地和水稻-蔬菜轮作为主。

(二)调查内容

(1)蔬菜地调查；

(2)蔬菜地污染调查；

(3)蔬菜地灌溉水调查；

(4)蔬菜品质调查。

(三)调查方法和步骤

(1)根据《规程》的要求，蔬菜地土壤调查样点密度 500～1 000 亩，根据琼海市的实际情况，本次调查样点为 92 个，其中采集耕层和亚耕层的采样点 49 个。

(2)土壤污染调查样点布设

蔬菜地土壤污染调查重点布设在怀疑有污染的地区,如工矿企业和城镇周围、人口稠密的村庄、有污水灌溉的地方。本次土壤污染调查样点设 7 个。主要分布在冬种瓜菜比较集中的大田洋,如加积、塔洋、中原、万泉、博鳌、长坡、潭门镇。

(3)灌溉水采样点布设

样点布设与土壤布设一致,基本上是在相应地段的灌溉中取样。

(4)植株样品采样点布设

根据蔬菜地土壤调查样点布设选择怀疑有污染的地块取样,品种有椒类、冬瓜、豆角、茄子、大白菜、小白菜,共取 10 个样品。

(5)样品采集与样品分析

样品采集与样品分析按照《技术规程》中的要求进行。

第三节　调查结果与分析

(一)地力调查结果

1.蔬菜地土壤有机质及大量元素含量状况

(1)耕层土壤

本次调查 92 个蔬菜地样点,其土壤有机质及大量元素含量如表 7-1 所示,从表 7-1 中可以看出,琼海市蔬菜地耕层土壤有机质含量范围在 14.7～41.7 g/kg,平均含量 24.90 g/kg;全氮含量范围在 0.3～2.7 g/kg,平均含量 1.43 g/kg;有效磷含量范围在 2～43 mg/kg,平均含量 16.24 mg/kg,速效钾含量范围在 12～181 mg/kg,平均含量 43.35 mg/kg。

表 7-1　蔬菜地耕层土壤有机质及大量元素含量情况

项目	有机质/(g/kg)	全氮/(g/kg)	有效磷/(mg/kg)	速效钾/(mg/kg)
含量范围	14.7～41.7	0.3～2.7	2～43	12～181
平均值	24.90	1.43	16.24	47.35

以第二次土壤普查养分分级标准(表 7-2),耕层土壤有机质含量属中等水平。含量在一级的占 4.08%,含量在二级(30～40 g/kg)占 22.45%,含量在三级(20～30 g/kg)占 42.86%,含量在四级的占 28.57%,含量在五级的仅占 2.04%。全氮含量属中等水平,三级以上的占 79.59%,四级以下的占 20.41%。有效磷含量属于中等水平,含量在三级以上的占 59.18%,含量在四级以下的占 40.82%。有效钾含量属于极缺乏水平,含量在三级以上的占 6.12%,含量在四级以下的占 93.88%。

表 7-2　蔬菜地耕层土壤有机质及大量元素含量等级

含量	有机质/(g/kg)		全氮/(g/kg)		有效磷/(mg/kg)		速效钾/(mg/kg)	
等级	平均值	比例/%	平均值	比例/%	平均值	比例/%	平均值	比例/%
1	41.6	4.08	2.26	16.33	42.00	8.16		
2	34.72	22.45	1.74	28.57	26.67	24.49	166.0	4.08
3	25.02	42.86	1.18	34.69	16.42	26.53	121.0	2.04
4	15.87	28.57	0.86	14.29	6.77	26.53	68.27	22.45
5	7.5	2.04	0.70	2.04	3.80	10.20	39.0	40.82
6			0.35	4.08	2.0	4.08	22.40	30.61

(2)耕层和亚耕层土壤养分比较

表 7-3　蔬菜地耕层和亚耕层土壤有机质及大量元素含量比较

项目		有机质/(g/kg)	全氮/(g/kg)	有效磷/(mg/kg)	速效钾/(mg/kg)
耕层(0～25 cm)	含量范围	14.7～41.7	0.3～2.7	2～43	12～181
	平均值	24.90	1.43	16.24	47.35

续表 7-3

项目		有机质/(g/kg)	全氮/(g/kg)	有效磷/(mg/kg)	速效钾/(mg/kg)
亚耕层(25～50 cm)	含量范围	4.3～26.7	0.2～2.1	2～16	11～78
	平均值	13.84	0.85	6.55	38.45

表 7-3 比较了蔬菜地耕层和亚耕层土壤有机质及大量元素的含量，从表 7-3 中可以看出，亚耕层(25～50 cm)土壤有机质及大量元素含量均比耕层(0～25)低，其中以有机质、全氮和有效磷含量较为明显，而速效钾含量较为接近。

2.蔬菜地土壤中量元素含量状况

(1)耕层土壤

调查查明，蔬菜地土壤中有效磷(S)含量范围在 6.85～53.32 mg/kg，平均含量 31.05 mg/kg；有效硅(Si)含量范围在 30.6～395.76 mg/kg，平均含量 163.70 mg/kg；有效镁(Mg)含量范围在 18～424 mg/kg，平均含量 134.96 mg/kg；有效钙(Ca)含量在 151～989 mg/kg，平均含量 623.89 mg/kg。如表 7-4 所示。

表 7-4　蔬菜地耕层土壤中量元素含量情况　　mg/kg

项目	有效硫	有效硅	有效镁	有效钙
含量范围	6.85～53.32	30.6～395.76	18～424	151～989
平均值	31.05	163.70	134.96	623.89

按照土壤养分分级标准，对蔬菜地中量元素含量分等级，结果如表 7-5 所示。从表 7-5 中可以看出，琼海市蔬菜地有效硫比较丰富，一、二级占 87.51%，三级(<16 mg/kg)只占 12.5%。有效硅含量比较丰富，一、二级占 71.08%，含量四级(25～70 mg/kg)只占 12.5%；有效镁含量属中等，三级以上占 61.23%，含量四级(50～100 mg/kg)的占 20.41%，含量五级(<50 mg/kg)的占 18.37%；有效钙含量较

丰富，三级以上占 74.08%，含量四级（300～500 mg/kg）的占 14.81%，含量五级（<50 mg/kg）的占 11.11%。

表 7-5　蔬菜地耕层土壤中量元素含量等级　　mg/kg

含量	有效硫		有效硅		有效镁		有效钙	
等级	平均值	比例/%	平均值	比例/%	平均值	比例/%	平均值	比例/%
1	45.67	34.38	315.75	15.63	457	4.08		
2	23.67	53.13	145.20	56.25	224.57	14.29	847.6	37.04
3	12.27	12.5	97.92	15.63	147.67	42.86	621.25	37.04
4			45.59	12.5	72.70	20.41	424.38	14.81
5					33.22	18.37	153.47	11.11

（2）耕层和亚耕层土壤比较

表 7-6 比较了蔬菜地耕层和亚耕层土壤中量元素含量。从表 7-6 中可以看出，亚耕层土壤中有效硫和有效硅相对丰富，有效钙和镁含量差异不大。

表 7-6　蔬菜地耕层和亚耕层土壤中量元素含量比较　　mg/kg

项目		有效硫	有效硅	有效镁	有效钙
耕层（0～25 cm）	含量范围	6.85～53.32	30.6～395.76	18～424	151～989
	平均值	31.05	163.70	134.96	623.89
亚耕层（25～50 cm）	含量范围	10.33～63.55	48.49～544.08	17～359	214～903
	平均值	39.17	213.85	159.61	682.13

3. 蔬菜地土壤中微量元素含量状况

（1）耕层土壤

蔬菜地土壤微量元素含量情况如表 7-7 所示。

表 7-7　蔬菜地耕层土壤微量元素含量状况　　mg/kg

项目	有效硼	有效钼	有效铁	有效铜	有效锌	有效锰
含量范围	0.07～1.07	0.083～0.557	113～2 994	0.98～13.35	3.74～40.47	5.42～95.63
平均值	0.39	0.15	1 193.18	6.08	13.03	32.97

按照第二次土壤普查土壤养分分级标准，分析蔬菜地土壤微量元素含量水平，如表 7-8 所示。

表 7-8　蔬菜地耕层土壤微量元素含量等级　　mg/kg

含量分级	有效硼		有效钼		有效铁		有效铜		有效锌		有效锰	
	平均	比例/%	平均	比例/%	平均	比例/%	平均	比例/%	平均	比例/%	平均	比例/%
1			0.56	2.04	1 193.18	100	6.39	93.88	13.03	100	54.79	42.86
2	1.07	2.04	0	0			1.61	4.08			23.93	28.57
3	0.62	28.57	0.16	8.16			0.98	2.04			9.28	28.57
4	0.32	55.10	0.13	79.59								
5	0.14	14.29	0.09	10.20								

蔬菜地土壤中有效硼含量缺乏，以低于 0.5 mg/kg 为缺硼临界值来看，69.39%的土壤处于缺硼临界水平，属于严重缺硼地区。

有效钼含量水平也较低，以低于 0.15 mg/kg 为缺钼临界值来看，89.79%的土壤处于缺钼临界水平，属于严重缺钼地区。

有效铁、有效铜、有效锌、有效锰含量丰富。

(2)耕层与亚耕层土壤比较

表 7-9 比较了蔬菜地耕层与亚耕层土壤微量元素含量的差异。从表 7-9 中可以看出，蔬菜地耕层和亚耕层有效硼和有效钼含量都很低。亚耕层铁、铜、锌、锰含量和耕层相比相差不大，都很丰富。

表 7-9　蔬菜地耕层和亚耕层土壤微量元素含量比较　　mg/kg

项目		有效硼	有效钼	有效铁	有效铜	有效锌	有效锰
耕层(0～25 cm)	含量范围	0.07～1.07	0.083～0.557	113～2 944	0.98～13.35	3.74～40.47	5.42～95.63
	平均值	0.39	0.15	1 193.18	6.08	13.03	32.97
亚耕层(25～50 cm)	含量范围	0.04～1.02	0.06～0.26	31～1 432	1.11～10.07	2.40～25.73	4.78～71.06
	平均值	0.31	0.11	804.10	4.42	9.96	23.55

(二)环境质量调查结果

1.土壤污染调查结果

本次调查对7个乡镇蔬菜地土壤进行了取样调查,分析结果如表7-10所示。

表7-10 蔬菜地土壤污染调查分析结果 mg/kg

编号	取样地点	pH	Hg	As	Pb	Cd	Cr	Cu	Zn	六六六	DDT
1	加积逢龙洋	6.1	0.15	3.21	3.89	0.010	32.68	4.96	8.1	nd	nd
2	塔洋中洋	7.0	0.04	0.53	12.4	0.060	0.64	6.05	25.49	nd	nd
3	中原大克洋	6.0	0.21	7.19	4.30	0.005	45.71	4.75	10.72	nd	nd
4	博鳌朝烈洋	6.5	0.02	4.07	4.6	0.025	63.54	6.41	12.68	nd	nd
5	朝阳仰止洋	6.2	0.07	5.66	4.76	0.005	26.38	1.43	4.29	nd	nd
6	长坡岭头甬	5.6	0.07	2.03	11.1	0.005	23.77	2.45	18.96	nd	nd
7	万泉官台洋	5.8	0.092	5.41	12.58	0.03	35.97	2.16	39.05	nd	nd

注:nd表示未检出。

从表7-10中可以看出,蔬菜地土壤中各种重金属含量都低于有害物质限量标准。

2.蔬菜地灌溉水水质调查结果

蔬菜地灌溉水水质调查结果如表7-11所示。

表7-11 蔬菜地灌溉水水质调查结果 mg/L

编号	取样地点	pH	氰化物	氟化物	Hg	As	Pb	Cd	Cr^{6+}
1	加积逢龙洋	6.5	0	0.2	0.000 2	0.000 2	0.000 1	0.000 1	0.001
2	塔洋中洋	6.3	0.001	0.2	0.000 2	0.000 2	0.000 1	0.000 1	0.002
3	中原大克洋	6.6	0.001	0.2	0.000 3	0.000 2	0.000 1	0.000 1	0.005
4	博鳌朝烈洋	6.3	0.002	0.2	0.000 98	0.002	0.002 5	0.000 25	0.002
5	朝阳仰止洋	6.8	0.001	0.2	0.000 2	0.005	0.000 1	0.000 1	0.004
6	长坡岭头甬	6.6	0.001	0.2	0.000 3	0.000 2	0.000 1	0.000 1	0.005
7	万泉官台洋	6.4	0.001	0.2	0.000 5	0.000 2	0.000 1	0.002	0.002

从表 7-11 中可以看出蔬菜地灌溉水中各种重金属及有害物质都低于限量标准。

3. 蔬菜污染调查结果

在蔬菜地土壤污染调查的基础上，采集辣椒等蔬菜植株样品 10 个，进行品质测定结果，如表 7-12 所示。均达到国家规定无公害瓜菜范围之内。

表 7-12　蔬菜植株样品分析结果　　mg/kg

取样地点	蔬菜品种	总铅(Pb)	总镉(Cd)	总铬(Cr)	总汞(Hg)	总砷(As)	硝酸盐(NO_3^-)	亚硝酸盐
塔洋红庄	辣椒	0.061	0.019	0.19	0.003	0.019	210.2	未测出
	冬瓜	0.052	0.020	0.28	0.004	0.023	194.5	未测出
大路洋	辣椒	0.051	0.013	0.33	0.003	0.028	198.6	未测出
	冬瓜	0.047	0.014	0.25	0.005	0.029	199.4	未测出
万泉红星	豆角	0.051	0.016	0.33	0.003	0.018	235.7	未测出
	茄子	0.041	0.017	0.35	0.004	0.041	310.4	未测出
中原大克	菜心	0.091	0.021	0.13	0.003	0.03	1 600	未测出
	白菜	0.063	0.016	0.29	0.004	0.039	1 300	未测出
加积南崛	茄子	0.039	0.013	0.36	0.003	0.023	285.9	未测出
	辣椒	0.053	0.018	0.43	0.004	0.012	210.4	未测出

第四节　蔬菜地质量评价

一、蔬菜地地力评价

二、蔬菜地土壤环境质量评价

1. 评价标准和方法

本次蔬菜地土壤环境质量评价标准与方法和第六章第五节相同。

2.评价结果

(1)用尼梅罗污染指数法对表7-10蔬菜地土壤污染调查分析结果评价如表7-13所示。

表7-13 蔬菜地土壤污染评价结果 mg/kg

编号	取样地点	单因子污染指数 P_i									
		Hg	As	Pb	Cd	Cr	Cu	Zn	六六六	DDT	$P_{综合}$
1	加积逢龙洋	0.16	0.13	0.08	0.03	0.27	0.10	0.08	0	0	0.44
2	塔洋中洋	0.16	0.02	0.25	0.2	0.05	0.12	0.25	0	0	0.38
3	中原大克洋	0.84	0.29	0.09	0.02	0.38	0.10	0.11	0	0	0.62
4	博鳌朝烈洋	0.08	0.16	0.09	0.08	0.55	0.13	0.13	0	0	0.41
5	朝阳仰止洋	0.28	0.23	0.10	0.02	0.22	0.03	0.04	0	0	0.22
6	长坡岭头甬	0.28	0.10	0.22	0.02	0.20	0.05	0.19	0	0	0.22
7	万泉官台洋	0.37	0.22	0.25	0.1	0.30	0.04	0.39	0	0	0.32

综合评价结果表明,7个土壤样品污染综合指数都小于0.7,属1级,清洁。

(2)用尼梅罗污染指数法对表7-11蔬菜地灌溉水水质调查结果评价如表7-14所示。

表7-14 蔬菜地灌溉水水质评价结果 mg/L

编号	取样地点	单因子污染指数 P_i							
		氰化物	氟化物	Hg	As	Pb	Cd	Cr	$P_{综合指数}$
1	加积逢龙洋	0	0.1	0.2	0.004	0.001	0.02	0.01	0.15
2	塔洋中洋	0	0.1	0.2	0.004	0.001	0.02	0.02	0.15
3	中原大克洋	0.002	0.1	0.3	0.004	0.001	0.02	0.05	0.22
4	博鳌朝烈洋	0.004	0.1	0.98	0.04	0.025	0.05	0.02	0.70
5	朝阳仰止洋	0.002	0.1	0.2	0.5	0.001	0.02	0.04	0.36
6	长坡岭头甬	0.002	0.1	0.3	0.004	0.001	0.02	0.05	0.22
7	万泉官台洋	0.002	0.1	0.5	0.004	0.001	0.4	0.02	0.37

综合评价结果表明，7 个蔬菜地灌溉水水样污染综合指数都小于或等于 0.7，水质属 1 级，清洁。

(3)蔬菜污染评价标准采用蔬菜重金属及有害物质限量标准(GB 18406.1—2001)，见表 7-15。

表 7-15　蔬菜重金属及有害物质限量标准　mg/kg

指标	含量	指标	含量
总镉(Cd)	≤0.05	总铅(Pb)	≤0.2
总铬(Cr)	≤0.5	氟化物	≤1.0
总贡(Hg)	≤0.01	亚硝酸盐	≤4.0
总砷(As)	≤0.5	硝酸盐	≤600(瓜菜类) ≤1 200(根茎类)

根据蔬菜重金属和有害物质限量标准(GB 18406.1—2001)，对本次调查的 10 个蔬菜样品分析结果(对表 7-12 蔬菜植株样品分析评价结果)如表 7-16 所示。

表 7-16　对表 7-12 蔬菜植株样品分析评价结果　mg/kg

取样地点	蔬菜品种	单因子污染指数 P_i							综合
		Pb	Cd	Cr	Hg	As	硝酸盐	亚硝酸盐	$P_{综合指数}$
塔洋红庄	辣椒	0.31	0.38	0.38	0.30	0.038	0.35	未测出	0.34
	冬瓜	0.26	0.40	0.56	0.40	0.046	0.32	未测出	0.46
大路洋	辣椒	0.26	0.26	0.66	0.30	0.056	0.33	未测出	0.52
	冬瓜	0.24	0.28	0.50	0.50	0.058	0.33	未测出	0.42
万泉红星	豆角	0.26	0.32	0.66	0.30	0.036	0.39	未测出	0.52
	茄子	0.21	0.34	0.70	0.40	0.082	0.52	未测出	0.56
中原大克	菜心	0.46	0.42	0.26	0.30	0.06	1.3	未测出	0.98
	白菜	0.32	0.32	0.58	0.40	0.078	1.1	未测出	0.85
加积南崛	茄子	0.20	0.26	0.72	0.30	0.046	0.48	未测出	0.56
	辣椒	0.27	0.36	0.86	0.40	0.024	0.35	未测出	0.66

从表 7-15 可以看出 10 个样品中重金属都未超限值标准，而且单

项目污染指数及综合污染指数都小于0.7，属清洁。但有两个叶菜样品硝酸盐含量稍微超标，但综合污染指数 $0.4<P_{综}<1$，尚清洁。

第五节　蔬菜发展规划与布局

(一)蔬菜发展规划

大力发展冬春反季节蔬菜生产。在保持粮食生产能力基本稳定的前提下，逐步调减粮食种植面积，大力发展有区位优势、适合内地大中城市需要的蔬菜品种生产。推进产业化、规模化、标准化生产。

在发展城郊的叶菜、瓜豆类、配菜类蔬菜生产以满足本地区需要的同时，加大冬春反季节蔬菜生产能力，发展优质品牌蔬菜品种，如青皮冬瓜、毛节瓜、青瓜、黄皮尖椒、甜椒、茄子、毛豆等。在无公害蔬菜生产基地建设的基础上，选择条件较好的生产基地生产绿色食品品牌蔬菜，带动琼海绿色农产品业的发展。使产品增值，农户增收。

(二)蔬菜生产布局

1.城郊蔬菜生产区

该区包括南寨、泮水、温泉、万泉、塔洋镇，主要种植供本地城乡人民需要的蔬菜品种，如叶菜、豆角、萝卜、葱蒜和瓜类。

2.轮作蔬菜生产区

该区包括万泉河沿岸的龙江、石壁、万泉、加积、塔洋、中原、博鳌和长坡镇，发展方向是面向内地大、中城市，积极引进和发展农业龙头企业，推进“公司＋基地＋农户”的发展路子，提高基地化、规模化、产业化经营水平。把现代科技与传统耕作结合，发展特色名优产品，建立专业化、规模化、无公害化的特色农产品生产基地，生产青皮冬瓜、毛节瓜、青瓜、椒类、茄子、毛豆等，满足内地城市的需求。

3.沿海沙地西瓜生产区

该区包括长坡、潭门、博鳌镇。耕地土壤养分含量低，质地偏沙，适合发展西瓜生产。今年来采用嫁接技术育苗，西瓜种植成功率很高，发展迅速，产品旺销内地市场。该区地势平坦，土地资源尚有潜力，有水源的地方都可以种西瓜。

4.丘陵、台地菠萝种植区

该区包括大路、长坡、万泉、中原、阳江、会山镇。发展方向是进一步扩大菠萝生产。琼海市年平均气温 24℃，年降水量 1 700～2 100 mm，种植菠萝区位优势明显。采用乙烯利人工调控技术，一年四季都有菠萝果源销往内地。

第六节　蔬菜生产发展对策与建议

随着琼海市农业结构不断调整，冬种蔬菜面积迅速增加，蔬菜生产逐步走向市场化、优质化、一体化。因此必须采取一些有效措施，以保证蔬菜生产稳步发展，具体措施包括以下几方面。

1.合理进行蔬菜生产发展规划

进一步加强蔬菜生产指导，制定有利于蔬菜发展的政策并抓好落实，根据市场需求和结合本地实际，制定蔬菜生产发展规划、大力推进农业结构挑战，发展特色农业、精品农业和外向型农业，促进蔬菜生产持续发展。

2.加强无公害蔬菜生产的指导与推广工作

要加大宣传力度，提高生产环节和消费环节的“无公害”意识，逐步创立无公害蔬菜产品品牌,提高无公害蔬菜的知名度和市场竞争力,把无公害蔬菜的生产与销售工作和净菜上市、品牌农业结合起来,使其成为蔬菜生产中新的增长点。

3.积极推行蔬菜标准化生产

加快发展农业标准化生产基地,大力发展无公害农产品生产,提高农产品质量及卫生水平。建立健全农产品质量检验检测体系,确保上市蔬菜质量安全符合国家有关标准。实施市场准入制度,加强对蔬菜质量安全状况检测,确保上市蔬菜质量卫生安全。

4.不断提高蔬菜产业化、现代化水平

大力扶持、培育发展多种形式的龙头企业,特别是农民自己的合作经济组织,实行产销一体化。通过蔬菜的产业化经营带动农户的小规模生产。增强农民的质量意识,生产出来的产品大小、外观、色质都要一致,提升产品档次。

第八章　耕地地力调查与质量评价的应用研究

第一节　种植业结构调整

一、种植业基本概况

改革开放以来，琼海市农业和农村经济取得了较大的发展，农业经济总量迅速扩大，实力明显增强，逐步发展成为海南的主要农产品产地之一。但是，由于没有全面地对农业和农村经济结构进行战略性调整，琼海市一直没有从根本上摆脱传统农业模式的束缚，农业生产始终未能跳出粮、果、胶的小圈子，得天独厚的自然优势尚未得到充分发挥，高产、优质、高效的热带农业没有得到充分的发展，农业生产结构不合理，生产规模偏小、总量不足，农产品品质不优、品种雷同、科技含量少、加工转化率低，农业生产组织程度低，社会化服务体系不健全，农村市场发育不充分，农业基础设施建设滞后等深层次的问题和矛盾也日益显露出来，制约了琼海市农业和农村经济的进一步发展。随着农产品由长期供不应求转移为阶段性、结构性供过于求，市场对农产品的需求愈来愈趋于优质化和多样化，特别是市场经济的逐步发展完善和对外开放步伐的加快，加速了农产品市场的国际化，市场竞争日趋激烈，向琼海市农业和农村经济提出了更为严峻的挑战和考验。

面对新形势、新情况、新问题，琼海市实事求是地制定了农业产业结构调整的工作思路，以建设农业现代化先行市为目标，围绕增加农民收入、集体收入、财政收入，按照调优、调精、调高的总体要求和大地园林化、耕作机械化、农田水利化、品种优良化、栽培科学化、饲料标准化等农业现代化的基本要求，以市场为导向，以改革开放为动力，以科技进步为手段，以资源综合开发为基础，大力调整和优化农业区域结构、产业结构、品种结构，突出加快发展海洋渔业、冬季瓜菜、热带水果、热带花卉、畜牧业和乡镇企业，启动实施“中小大”示范工程即发展中心城镇、小康村、专业大户，形成区域化布局、规模化生产、专业化分工、企业化管理、社会化服务、市场化经营的生产经营管理体制，全面提高农业整体素质，实现农业经济大市向农业经济强市的历史性跨越。

琼海市耕地资源有限，仅以粮食生产为主的农业生产发展空间不大，必须充分发挥自然条件发展优势，发挥生产潜力，因地制宜，做到因土种植、因土施肥、因土灌溉、因土耕作、因土改良，避免农业生产上的盲目性。遵照自然规律，调整农业结构，做到宜果则果、宜瓜则瓜、宜菜则菜、宜林则林、宜牧则牧。在山区、丘陵地区主要发展热带水果、热带经济作物等。如橡胶、龙眼、槟榔、荔枝、番石榴等；在沿海地区主要发展反季节瓜菜、香蕉、香水菠萝、水稻、西瓜、木瓜等。推进传统农业向现代农业转变，带动农村经济全面发展。因此，开展耕地地力评价工作，了解耕地质量状况，指导种植业结构的调整具有十分重要的现实意义。

二、种植业区域分布现状

按照本市各地自然地理状况、生产条件、生产特点，以及农业生产发展方向和关键措施的类似性，同时考虑到行政区域的完整性，将全市划分 4 个区：东部滨海平原区，北部台地、丘陵区，西部丘陵山区，中南部平原阶地区。

（一）东部滨海平原区

包括福田、潭门镇全境，长坡、博鳌、上埇、朝阳等乡镇 32 个管区，土地面积 2.16 万 hm^2。土壤以浅海沉积物发育的黄赤土和滨海砂土为主，土壤沙性大，养分含量低，土层浅薄，黄赤土呈酸性，滨海砂土呈碱性。有水旱田 4 480 hm^2，以种水稻、番薯、花生为主。

（二）北部台地、丘陵区

包括大路、烟塘、新市 3 个乡镇全境，长坡、塔洋、泮水、万泉 4 个乡镇 63 个管区，土地面积 5.4 万 hm^2。由玄武岩发育的赤土，分布在大路、泮水的东部和塔洋的北部，土层深厚，质地偏黏，呈酸性；由花岗岩发育而成的红赤土，分布在长坡、烟塘、新市、万泉等乡镇，土壤含砂量大，呈酸性。有水旱田 1.01 万 hm^2，以赤土、赤沙泥土为主，耕作层深，有机质含量较高，是全市重要的粮食、糖蔗生产基地。

（三）西部丘陵山地区

包括石壁、会山、文市、阳江、龙江 5 个乡镇全境，中原、九曲江、温泉、万泉 4 个乡镇 45 个管区，土地面积 7.46 万 hm^2。由花岗岩发育而成的红赤土，分布在西北部的石壁、会山 2 个乡镇，土壤较为肥沃；

由沙页岩发育的黄红赤土，分布在东西部，面积较广，土层深厚，质地疏松，呈酸性，养分含量低。有水旱田 867 hm^2，多属潮沙泥田和沙壤土田，以高坑田为主。本区以种植经济作物为主。

(四)中南部平原阶地区

包括嘉积、上埇、朝阳、博鳌、中原、九曲江、温泉 7 个乡镇 35 个管区，土地面积 1.29 万 hm^2。以河流冲积物发育而成的潮沙泥土为主，养分含量较高。有水旱田 4 440 hm^2，多属潮沙泥田，以种粮食、糖蔗、瓜菜为主。

三、种植业存在的问题

1.地力资源优势发挥不平衡

从此次调查结果表明，琼海市一级耕地仅占 10.81%，面积较大的耕地土壤是三、四级地，热带经济作物主要分布在第三级下的土壤上，作物的生物学性状不能发挥极限作用，产量和品质都会受到不同程度影响，而这点又不能被农民所认识到，忽视了耕地地力对作物产量及品质的贡献作用。平衡施肥和培肥地力意识差，地力资源优势不能充分发挥作用。

2.农业结构不够优化和整体耕作水平不高

近年来，政府十分重视农业结构调整，但产业化程度不高，一些农民还存在小农意识。由于利益的驱动，别人种什么自己也种什么，一哄而上，不顾市场需求，不了解市场信息，遇到供过于求时，农产品销售不出去，丢失在田间地头，造成很大经济损失。此外，由于农民耕作水平不高，不能科学施肥，产生了一些生理性病害，由于抗逆能力差，引发了一些病虫害，加大了农药的需用量，农产品无论是外观品质、口感品质、卫生品质、营养品质，还是贮藏保鲜品质都受到不同程度的影响，削弱了市场竞争力。因此，要进一步优化农业结构和提高整体耕作水平，增强农产品竞争力。

四、种植业发展方向和目标

(一)发展方向

因地制宜，充分发挥区域资源优势，重视调整农业结构，尤其是品种结构调整，培育具有区域特色优势品种，打造新品牌。逐步发展成为规模化生产、产业化经营、企业化管理农业结构模式。强调农产品深加工，增加附加值，创造更高的经济效益。要做到在农业持续快速发展的同时，注意保护生态环境，使之具备发展无公害农业、绿色农业、有机农业的条件，实现农业增效、农民增收和可持续发展的目标。

(二)发展目标

1. 近期目标

根据此次调查，了解耕地质量状况，制定增肥地力的方案，保护耕地环境质量，提高农产品单产及品质，增强市场竞争力，开发新品种，打造新品牌。重点培育农业龙头企业，通过农业龙头企业的带动和影响，鼓励和引导农民发展有区域特色的农产品。农业龙头企业给农民提供优质种子或种苗、资金、管理技术，以保护价收购农产品，保护农民的利益，减少市场风险，调动农民积极性。农民则按企业管理技术进行管理，企业派专业技术跟踪检查，提高农民的整体耕作水平。

2.中期目标

农民直接产出农产品，会受到市场同类农产品的冲击，价格波动幅度大，往往会增产不增收，严重挫伤农民发展农业的积极性。通过农产品深加工，增加附加值，扭转农产品难卖的被动局面，切实保护农民的利益。推进农业生产向专业化、规模化、标准化、现代化的方向发展。

3.远景目标

发展“名、优、特、高科技”的农产品，参与国际市场竞争，争取出口创汇，创造更好的经济效益。农业发展从无公害农业向绿色农业、有机农业、生态农业、现代农业转变。农作物的管理水平达到实现耕整机械化、收获机械化、植保机械化、机电排灌机械化的水平。

五、种植业结构调整的原则

在进行种植业结构调整时，必须遵循以下几条原则：

(1)遵循市场规律，以市场为导向，以经济效益为中心，科学技术为依托，充分发挥区域优势，发展地区特色优势品种。

(2)因地制宜，趋利避害，把传统优势产业和现在企业的管理及市场经营模式嫁接起来，扶持和培育主导产品，提高整体耕作水平，实现农业增效、农民增收。

(3)农业结构调整要有利于生产力的发展，禁止破坏生态环境和造成水土流失，遏制地力下降。做到既能促进农业产业化升级，又能保护自然环境。

六、种植业结构调整措施与对策

农村经济的发展离不开农业的发展，在确保稳定粮食生产的基础上，发展多种经济作物，调整和优化种植业生产结构，充分发挥各区域的自然资源优势，尤其是土地资源优势，因地制宜，依托科学技术，提高农产品的科技含量，增强市场竞争力。体现出农业结构战略性调整，带动农村经济发展的作用。

(一)统一思想，提高认识

要进一步调整农业产业结构，农业产业结构不断优化。全市逐步形成以瓜菜、水果、热作、畜牧、水产等五大支柱产业为主导，以禽畜生产、冬季瓜菜、热带水果、热作种植、粮食生产、水产养殖六大基地为支撑的热带特色农业发展格局。农业发展水平明显提高。全市农技 110 服务覆盖率达到 100%，农业生产良种覆盖率达 90%以上。支持农民发展各种专业合作组织，培育涉农龙头企业 41 家，生产专业合作社 105 家，全市农业生产组织化程度不断提高。农田水利设施不断完善。完成投资 6.7 亿元，重点对 34 宗中小型水库进行了除险加固，硬板化水利渠道 700 多 km，修复水毁工程 6 000 多处，整治了 31 个田洋 5 000 多公顷，水利灌溉农田面积 1.7 万 hm^2。

继续重视“三农”工作，以农业增效、农民增收为重点，以调优农业产业结构为抓手，以改善农村生产生活条件为着力点，以提高农民收入为落脚点，加大“三农”投入力度，确保财政支出优先支持“三农”发展，全面提升农业农村可持续发展能力。

(二)科技引领农业经济结构调整优化

积极实施科技兴农战略，紧紧围绕优化农业结构，农业产业化的目标，突出重点，强化措施，加强农业技术应用推广和科技服务工作，有力地推动了农业增长方式的转变，农业经济取得了较快的发展。

1. 实施科技兴农战略，在做精农业上下功夫

提出做精农业的发展思路，立足资源优势，调整优化种养结构和品种结构，大力发展特色农产品，抓好关键实用技术的推广应用，依靠农业科技，大幅度提高农业生产水平。以科技为支撑，抓好瓜菜种植由露天向大棚种植转移，热带水果提早季节，打时间差，海水养殖由港内向深海延伸，海洋捕捞业建造大吨位渔船向深远海推进。海洋渔业、冬季瓜菜、热作水果、畜牧业成为琼海市农业经济增长的亮点。

2. 提高农业科技含量，在打造产业特色上下功夫

着力发展现代特色农业。要按照“科技支撑、结构优化、品牌推动、龙头带动”的发展要求，加快建设一批以生态循环热带经济作物和大棚、喷滴灌为主的设施农业示范基地，促进特色果瓜菜生产向规模化、标准化、产业化发展。重点培育嘉积鸭、温泉鹅、青皮冬瓜等品牌产品，加大政策扶持，全力打造“万泉河”系列农产品品牌。以橡胶、胡椒、槟榔为重点，扩大热作种植面积，推动热作产业布局向西南优势地区转移，生产经营模式向产业化转变，发展壮大热作产品加工业。继续发挥好无规定动物疫病区的品牌优势，全面推进农村标准化畜禽养殖小区建设，加快发展畜禽产品深加工业。加快发展热带休闲农业，推进休闲农业示范基地建设。因地制宜发展经济林，扶持发展热带花卉业。提高农业生产水平。围绕建设全省热带现代农业基地这个目标，着力推进传统型农业生产经营向专业化、标准化、集约化发展。充分发挥农技“110”和农业流动服务体系作用，大力推广测土配方施肥、绿色植保防控、生物防治病虫害等新技术，推广使用生物化肥、有机肥和有机农药。逐步建立完善农业科技、病虫害防治、农产品质量追溯、销售流通等体系。推广“企业＋基地＋农户”和“协会＋合作组织＋农户”等合作经营模式，提高农业生产组织化水平。加大农产品营销力度，扩大农业生产企业、农户与大型连锁超市

的合作，构建稳定安全的农产品产销渠道。发展壮大海洋经济。科学规划海洋产业，积极实施健康水产养殖计划，大力发展罗非鱼、对虾、石斑鱼、东风螺养殖和海水种苗等优势产业取得新突破。积极开展远海捕捞作业，壮大贝类深加工业。大力推广浅海大型藻类底播和集约化深海潜网养殖模式，扩大高档鱼类养殖规模。

3.加快农业科技成果的推广应用，在农民技术培训上下功夫

多渠道促进农民增收。全面实施农民增收计划，抓好新农村实用人才培训，不断增强农民致富能力，增加农民生产性收入。

积极开展科技下乡活动，采取理论传授与田间指导、科技咨询与试验示范相结合的形式，重点抓好冬季瓜菜的早育苗、盘育苗、嫁接育苗、瓜菜栽培技术以及水稻杂优良种良法的推广应用，热作水果栽培等实用技术培训。聘请有经验的高级农艺师给农民现场做示范，传授农业实用技术，解决技术难题。

(三)推进农业产业化经营

1.调整优化种植业结构

抓好优化产业结构。从过去的单一型、传统型、分散型生产向区域化、产业化、规模化、商品化、集约化生产发展，呈现出名特优、无公害、高科技的特点。形成瓜菜产业、水果产业、热作产业、畜牧产业、海洋水产业、粮食产业、乡镇企业七大支柱产业和一批示范基地。

2.建立龙头企业与农户之间的利益联动机制

探索龙头企业与农户利益共享、风险共担的经营机制，实现利益合理分配。鼓励龙头企业把农产品生产基地作为“第一车间”，通过合同契约连接，与农户建立相对稳定的产销关系，发展“订单”农业。鼓励龙头企业通过建立风险基金，最低保护价收购，按农户出售产品的数量适当返还利润等多种方式与农户建立紧密型的利益联结关

系。引导农民利用土地、劳工、技术和资金等要素入股，采取股份制、股份合作制等形式，与龙头企业形成利益共同体。

推广“企业＋基地＋农户”和“协会＋合作组织＋农户”等合作经营模式，提高农业生产组织化水平。加大农产品营销力度，扩大农业生产企业、农户与大型连锁超市的合作，构建稳定安全的农产品产销渠道。

3.发展中介组织，提高农民生产经营的组织化程度

充分发挥农产品运销中介组织的作用，建立新型的农民专业合作组织，通过合作组织了解国内各大城市果菜批发市场的交易信息，扩大运销渠道，避免农产品滞销给农民造成经济损失。解决主要农产品行业在发展过程中出现的新问题、新矛盾，调解纠纷，提供服务。

4.促进农民专业化分工

鼓励有条件的农民从传统“小而全”、多业兼营的生产经营方式中分离出来，从事专业化生产和经营，提高劳动生产率和经济效益。通过区域布局，突出特色产业，抓好“一村一业”、“一村一品”，扶持发展各类专业户、专业村和专业合作组织，促进农村劳动力的专业分工。

5.积极发展农产品的深加工，开发新产品，打造新品牌

增加农产品附加值，增强市场竞争力，促进深加工农产品出口创汇参与国际市场竞争，延长农业产业链，克服直产直销的单一渠道，防范市场风险。

实施农产品优质品牌战略。通过提高产品质量，提升品位，以质量创牌；通过提供优质包装，美化外表，以包装树牌；加大品牌宣传力度，树立形象，以优势创牌；提高商标、品牌保护意识，积极开展商标、品牌保护工作，以法规护牌；通过推行名牌策略，使品牌成为琼海热带现代农业基地建设的重要组成部分，成为琼海农产品质量迅速提高的标志和进军国内外市场的名片。重点培育嘉积鸭、温泉鹅、瘦肉型猪、大路米、荔枝、莲雾、胡椒、槟榔、泡椒、青皮冬瓜等产品，加强申

报国家、省级名牌农产品和申办注册商标的认证工作。

6.完善农业信息体系建设

建设信息采集、分析、发布、预警系统，推进信息进村入户工程。完善全省农业信息网，加快建设省级和县农业信息服务平台，拓展电子政务和电子商务网络，增强信息服务功能。加强信息队伍建设，提高信息服务水平。

7.加快小城镇建设，实现农村剩余劳动力转移

加快农村小城镇建设，发展乡镇企业，提高农村工业化水平，引导农村剩劳动力有序向二、三产业转移，提供就业机会，在保持农业可持续发展的同时，拓宽农民收入渠道，带动农村经济发展。此外，实施农村剩余劳动力转移培训，提高就业素质和岗位工作能力，进而提高农民的整体素质。

8.扩大对外开放，促进外向型农业发展

我国加入WTO后，面对国内外农产品的竞争与挑战，海南农业发展面临很大压力。因此，要审时度势，充分发挥自然环境资源优势，扩大对外开放与合作，积极引进外资、良种、良苗、栽培管理技术，加快传统农业技术的改造，变资源优势为资源技术综合优势，形成有一定规模的外向型农业产业化结构。

9.实施百万农民培训工程，实施科教兴农战略

实施"百万农民培训"工程，开展"绿色证书培训"、"跨世纪青年农民科技培训"等活动，培养农村科技带头人，提高实用技术进村入户率。加大农业技术推广应用力度，解决农业发展中的关键技术问题。组织开发和推广一些先进实用技术，重点推广良种良苗、设施农业、节水灌溉、无公害生产、节能利用以及农产品加工、保鲜、贮运等农业实用技术。依靠农业科技机构、科技龙头企业、民间科技社团等多种力量，创办农业科技示范园，举办多形式的科技推介活动，推动产学研、农科

教有机结合，提高农业科技成果转化率和科技进步贡献率。

（四）确保种植结构调整的技术措施

1.良种良苗更新换代和推广普及

着力建设一批省县级良种良苗基地，搞好南繁育种基地和琼台优质种苗合作示范场建设。积极引进、选育、推广高产、优质、高抗性农作物良种，加快品种更新换代，实现主要农作物良种化、优质化。要做好良种良苗引进的试验示范推广工作，组织基层农技人员和种植大户到现场观摩，通过他们对良种良苗进行大力推广普及，提高良种覆盖率。加强种子种苗基础设施建设，重点建设优势农产品种苗快繁脱毒中心、优质品种引育扩繁中心以及农作物种子加工、种子质量认证与检测、种质资源鉴定中心，提高良种综合生产能力。加强种子种苗质量监管，强化检疫，把好进入关。建设一批"信得过种苗场"，推行种苗质量承诺制度。继续办好优质种子种苗推介会，加快种业产业化进程。

2.更新农艺技术，推进标准化生产

一是改革耕作制度，推进轮作间作制，减少农作物病虫害的发生。编印《农药、肥料使用知识手册》，引导农民科学施肥、合理用药。加强土壤监测，开展施肥肥效监测，建立土壤养分档案。有效控制使用硝态氮肥，鼓励使用有机肥和生物肥料，推广秸秆还田，推行测土配方施肥。二是制定农产品生产技术操作规程，建设一批农业标准化生产示范区和生产基地，引导农民进行标准化生产。主要大力推广优良品种和无公害、标准化、测土配方施肥、地膜、微滴灌节水等先进技术，使优良品种和先进适用栽培技术覆盖率达90%以上。三是统一农资供应。重点是通过农民专业合作组织，帮助农户购置薄膜、铁架、竹竿等农资，降低了设施建设和生产成本。四是确保质量安全。加强农产品质量安全检测，建立完善农产品质量追溯和责任追究体系，维护设施农业品牌和信誉。

3.加强农产品质量安全体系和市场服务体系建设

加强农业综合执法队伍建设，组建农产品检测中心，确保农产品质量安全。不断提升农业科学管理水平，正式启动香蕉枯萎病防治等科研工作，发挥科技“110”的作用，打响农产品生态、绿色品牌。拓宽供销社“新网工程”服务“三农”网络作用，扶持龙头企业和专业大户，积极发展购销代理、产品配送、农资超市、网上交易等流通形式，延伸和拓展农产品国内外市场营销空间，带动农民走向市场。加大农贸市场升级改造力度，建立健全农贸市场体系，加强打击私宰泛宰力度，让人民群众吃上“放心肉”。积极组织参与三月三、香蕉节、海交会等活动，加强合作交流，促进产销衔接。

4.发展设施农业，提高农业效益

把农业结构调整与现代化农业发展资金项目有机结合起来，大力发展设施大棚瓜菜。为促进现代农业生产，实现农民增收、农业增效。提升特色农业发展水平。以农产品出岛出口、进宾馆超市为目标，以生态循环农业示范区、低碳农业示范区、特色瓜果菜产业带建设为抓手，建设一批生态循环热带现代农业示范基地和以大棚、喷滴灌为主的设施农业示范基地，促进特色水果、瓜菜生产向规模化、标准化、产业化发展。

5.净化农业生产环境

加强农业投入品的管理，探索建立农药、种子专营制度和保证金制度。严格执行国家关于农业投入品禁用和限用目录，全面清理整顿农资生产经营网点，严厉打击制售假冒伪劣农业投入品行为。实施“农药肥料监控工程”，杜绝剧毒、高毒、高残留农药和重金属元素含量超标的液体肥流入瓜果菜生产基地，同时推介一批高效低毒的生物农药和高效化肥品种及其使用方法。推广应用农业植保机械。加强瓜果菜生产基地的环境质量检测，并及时通过新闻媒体公布检测结果。按照统一环境质量、统一关键技术、统一技术规程、统一监测方法、统一产品标识、统一认证办法的要求，着力建设一批无公害农产品生产示范基地，积极推进基地认证制度、挂牌制度和质量追溯制度。抓好农药市场监管和农产品质量安全检测，严厉打击制售伪劣种子、肥料、农药行为，杜绝使用高剧毒农药，确保冬季瓜菜生产和质量安全。

6.加快发展海洋渔业

在保护环境前提下，发展海水养殖，重点发展高位池养虾、低位池养虾、工厂化养鲍、工厂化养东风螺、浅海网箱养鱼。扩大海水养殖空间，开发集约化深海潜网养殖模式，养殖各种高档鱼类。巩固海水水产种苗基地建设，生产无病毒健康虾苗、石斑鱼苗、东风螺苗等。组织科技人员与渔民赴西沙群岛浅海试验养殖麒麟菜，扩大卡拉胶原料基地。利用潭门港优良条件，收购热带珊瑚礁观赏鱼活体暂养繁殖，组织赴西沙开发岛礁热带珊瑚礁观赏鱼围网试验养殖，开发西沙珍珠养殖，围网龙虾养殖，海参养殖，培育热带观赏鱼渔业与特种水产养殖业。增殖保护水生生物资源，规划建设海洋水产种质资源保护区。将琼海打造成中国知名的热带海水观赏鱼渔业基地、新的珍珠养殖地、特种水产养殖产地。

第二节 耕地质量评价与平衡施肥

一、概况

植物必需的营养元素有 16 种，其中碳、氢、氧主要来源于空气和水，主要靠土壤供给的可分为3类：第一类是土壤里相对含量较少，农作物吸收利用较多的氮、磷和钾，叫作大量元素；第二类是土壤里含量相对较多，农作物需要却较少，像钙、镁、硫等，叫作中量元素；第三类是土壤里含量很少，农作物需要的也很少，主要是铜、铁、锰、锌、硼、钼、氯，叫作微量元素。当土壤中某些营养元素供应不足时，就要靠施用含有该营养元素的肥料来补充，缺什么，补什么；缺多少，补多少，使作物既吃得饱，又不浪费。达到土壤供肥和农作物需肥的平衡，这就是平衡施肥。

随着改革开放和农业市场经济的建立，种植业生产结构和劳动力结构发生了很大的变化，农业生产中的施肥出现了令人担忧的局面：一是农村青壮年劳动力涌入城市从事非农产业，老、弱、妇、幼成了本地农业生产的主力军，为了省工省事，单施化肥而不施用有机肥现象十分普遍；二是劳动者专业素质低，施肥凭经验、凭感觉，为了获取较高的经济效益，价值高的农作物大量施用化肥，造成资源的浪费和环境污染，而价值低的作物则疏于管理，不施或少施化肥，极少施用有机肥料；三是化肥投入幅度增加但肥料利用率及肥料农产品的品质和生态环境却在下降。

为了在有限的耕地资源上生产出更多更好的农产品，人们在施肥实践中，已总结出许多增产增效的方法。琼海市自20世纪80年代以来，在施肥实践中不断总结经验，充分利用第二次土壤普查成果，针对耕地普遍少磷、缺钾的特点，在种植业上农民逐步认识到施足底肥有利于农作物生长，在此基础上大力推广配方施肥技术，经过多年的实践证明，取得了很大的成绩。平衡施肥技术既能提高肥料利用率，获得增产、增收，又能改善农产品品质，提高经济效益和生态效益，深受广大农户欢迎。

土壤肥力是一种动态变量。自全国第二次土壤普查以来，琼海市耕地土壤状况如何，耕地环境质量怎样，本次成果报告中都有详细资料。还调查了一些种晚稻、种瓜菜农户施肥情况及经济效益情况。

根据这次调查，掌握的耕地土壤养分状况和农民施肥中存在的问题，为推广平衡施肥提供依据。

二、调查方法

结合本次耕地地力调查同时进行，布点、取样及样品分析项目和方法均依照《全国耕地地力评价技术规程》进行。根据琼海市的实际，调查共取土壤样品 1 949 个，其中冬种反季节瓜菜基地 1 100 个。样品布点基本上覆盖了全市水稻土壤类型。

三、分析结果和质量评价

(一)施肥状况

1.大田施肥状况

根据 200 户农户调查，每年施用在水稻上的有机肥料平均 70 kg/亩，品种主要有猪粪、牛栏粪、土杂肥和草木灰等，无机肥料为平均尿素 29.6 kg/(亩·年)，过磷酸钙 50.4 kg/(亩·年)，氯化钾 19.2 kg/(亩·年)，复合肥(N∶P_2O_5∶K_2O 为 15∶15∶15)30.6 kg/(亩·年)，根据化肥实物折算成有效成分，分别为氮 18.2 kg，五氧化二磷 10.6 kg，氧化钾 16.1 kg，比例为 1∶0.58∶0.88。以满足水稻生长的氮、磷、钾比例为 1∶0.52∶1.2 标准来看，磷肥用量稍高，钾肥用量严重缺乏，施肥比例极不平衡。琼海市主要农作物施肥情况见表 8-1。

表 8-1　琼海市主要农作物平衡施肥表

肥料 / 土壤养分含量 / 施肥量/kg / 作物	过磷酸钙(含 P_2O_5 18%计)/(kg/亩)				氯化钾(K_2O 60%计)/(kg/亩)				氮肥纯 N /kg	备注
	<5 mg/kg	5～10	10～20	20～25	<30 mg/kg	30～50	50～100	100～200		
常规稻	30	20	15	10	12～14	10～12	8～10	5	100 kg 谷施 1.6～2.2	亩产 250～350 kg
杂交稻	35	25	20	10	13～15	10～12	8～10	5	100 kg 谷施 1.8～2.4	亩产 350～400 kg
辣椒	50	45	40	25	25	20	15	10	1 000 kg 施 4.5～5.5	亩产 2 000 kg
冬瓜	60	45	30	10	35	30	25	15	1 000 kg 施 2.5～3.5	亩产 6 000 kg
豆角	30	25	20	10	12	9	6	酌量	1 000 kg 施 2.5～3.5～4	亩产 1 200 kg
白菜	25	20	15	5	10	8	6	酌量	1 000 kg 施 3～4	亩产 1 500 kg
黄瓜	50	45	30	20	25	21	17	酌量	1 000 kg 施 2.5～3	亩产 4 000 kg
胡椒	43	35	28	20	20	15	12	8	100 kg 施 6～7	亩产 250 kg

2.蔬菜地施肥状况

根据100户种植蔬菜(品种:冬瓜、辣椒)农户调查,施用有机肥平均500 kg/亩,主要品种有商品有机肥、鸡粪、猪粪、羊粪、牛栏肥等。尿素平均6.4 kg/亩,磷肥55 kg/亩,氯化钾14.2 kg/亩,复合肥($N:P_2O_5:K_2O$为15:15:15)139 kg/亩,化肥折合成有效成分,氮、磷、钾分别为23.8 kg、27.5 kg、29.4 kg,比例为1:1.16:1.24。按1 000 kg蔬菜经济产量吸收养分N 3.66 kg,P_2O_5 1.24 kg,K_2O 4.52 kg,比例为1:0.34:1.23(30种蔬菜吸收养分的平均值)的标准,磷肥的施用量过多,氮、钾养分较平衡。

(二)耕地养分状况

1.有机质和大量元素

琼海市耕地土壤各种养分的平均含量分别为有机质27.1 g/kg,碱解氮167.3 g/kg,有效磷36.2 mg/kg,速效钾55.6 mg/kg,其含量等级分布情况见表8-2,从表中可以看出琼海市耕地土壤有机质含量在三级以下占64.25%,碱解氮占17.81%,琼海耕地土壤有机质中下等水平,碱解氮属于中上等水平。土壤有效磷在三级以下占62.8%,属于中下等水平。土壤速效钾缺乏较严重,三级以下占了96.05%,而五、六级水平的速效钾占了59.93%。所以琼海土壤有机质和大量元素含量整体水平不高,缺钾现象还非常突出。

表8-2 有机质和大量元素含量等级分布状况

含量分级	有机质		碱解氮		有效磷		速效钾	
	含量/(g/kg)	频率/%	含量/(mg/kg)	频率/%	含量/(mg/kg)	频率/%	含量/(mg/kg)	频率/%
一级	>40	8.52	>150	61.52	>40	23.35	>200	1.64
二级	30~40	27.24	120~150	20.68	20~40	13.85	150~200	2.31
三级	20~30	42.23	90~120	10.42	10~20	18.62	100~150	6.67

续表 8-2

含量分级	有机质		碱解氮		有效磷		速效钾	
	含量/(g/kg)	频率/%	含量/(mg/kg)	频率/%	含量/(mg/kg)	频率/%	含量/(mg/kg)	频率/%
四级	10～20	19.04	60～90	5.28	5～10	18.57	50～100	29.45
五级	6～10	2.36	30～60	1.90	3～5	12.72	30～50	28.99
六级	<6	0.62	<30	0.21	<3	12.88	<30	30.94

2.中量元素

琼海市耕地土壤中量元素平均含量为:有效钙平均值为660.6 mg/kg,含量属中上等水平;有效镁平均值为121.5 mg/kg,属于中下等水平;有效硫平均值为53.8 mg/kg,属于上等水平。从表8-3中量元素含量等级分布情况可见,琼海市耕地耕层有效硫较高,镁和钙的含量中等。

表 8-3 中量元素含量等级分布状况 mg/kg

含量分级	有效钙		有效镁		有效硫	
	含量	频率/%	含量	频率/%	含量	频率/%
一级	>1000	13.6	>300	4.8	>40	57.9
二级	700～1000	27.5	200～300	11.3	30～40	20.2
三级	500～700	27.0	100～200	32.5	20～30	13.6
四级	300～500	21.7	50～100	25.4	10～20	6.3
五级	<300	10.3	25～50	16.9	<10	2.0
六级			<25	9.1		

3.微量元素

琼海市耕地土壤有效硼的范围在0.01～3.96 mg/kg,平均值为0.30 mg/kg。根据土壤养分分级标准,琼海市耕层土壤中,一级和二级土壤有效硼含量比例均较低(<5%),三级36个,所占比例为9.1%,四级土壤最多,为205个,所占比例为51.6%,五级土壤比例也较高,为37.3%。由此可知,琼海市耕地耕层土壤有效硼含量为中

下等水平。

琼海耕地土壤有效锌含量的范围为0.02～90.61 mg/kg，平均含量为5.81 mg/kg。根据土壤养分等级划分标准，达一级标准的样点有249个，占全部样点的67.72%，二级标准为102个，占25.69%，三、四和五级土壤所占比例均较低，其所占比例之和为11.59%，由此可见，琼海市耕地耕层土壤有效锌含量丰富，属于锌含量丰富地区。

四、目前施肥中存在的主要问题

目前施肥中存在的问题，主要表现在以下几个方面。

1.有机肥施用量不足

有机肥施用量远远达不到维持土壤地力的要求。在调查的200农户中，农户都施用有机肥，但有机肥施用量不足，土壤有机质分解快，加上耕地复种指数高，琼海市耕地土壤中有机质含量仍然处中下等水平。

2.氮、磷、钾配比不平衡

在种粮方面，偏施氮、磷素化肥，钾肥施用不足。在种植瓜菜方面，过分倚重三元复合肥，使某些养分过量引发新的养分不平衡。

3.肥料施用方法不当

主要表现在有机肥腐烂不彻底就施用，经常发生烧苗现象。为省工，大部分农户直接将化肥撒施在地表上后不盖土，降低了肥料利用率。

4.中微量元素肥施用不均衡

琼海市土壤酸性较强，除少数地区的有效钙、镁含量较高外，琼海大多数土壤有效钙、镁较缺乏，硫较丰富；微量元素硼较缺乏，锌属于上等水平。

五、对策

(一)增施有机肥,培肥地力

琼海市有机肥源丰富,要因地制宜,多形式,多途径增加有机肥料的投入。在当前种植业结构调整和无公害农业生产中,有机肥的大量施用是重要的一环。从实际出发,在农村应大力推广沼气建设,搞好人、畜、禽粪便的嫌气发酵利用。在平原地区坚持稻秆还田、塘泥上田。此外应充分利用冬闲发展兼种豆科作物,如扩大春花生的种植面积。最近几年来,冬春毛豆种植异军突起。毛豆旺销内地大中城市,带动毛豆种植业迅速增加。毛豆种植户经济效益不错,同一块地一冬春可以收获二次毛豆,对培肥地力很有好处。另外,在蔬菜生产方面,应扩大豆类蔬菜的种植面积。

(二)大力推广测土配方施肥技术

充分利用调查成果,推广作物平衡施肥,应针对琼海市土壤养分状况,根据不同作物需肥规律和肥料增产效应,在施足有机肥的基础上,确定氮、磷、钾和微量元素的适宜用量和比例,采用正确的施用技术。根据此次调查结果表明,琼海市耕地土壤养分水平大体上是有机质和全氮属于中下等水平,有效磷不缺,近九成的耕地速效钾缺乏。因此,要因地制宜,实现因土因作物使用肥料,提高肥料利用率,避免肥料不必要浪费,防止土壤出现新的养分不平衡。

(三)中量微量元素的平衡施用

琼海市水热资源丰富,耕地复种指数高,土壤淋溶作用强烈,大量元素的施用和作物产量的提高,必然引起土壤中微量元素的耗竭,其结果是导致作物产品质量下降和影响作物产量的进一步提高，因此在平衡施肥中必须考虑中微量元素肥料的补充作用。

在农作物结果时期，如果硼元素缺乏就出现裂果现象。在作物施肥上，尤其是蔬菜要注意补充硼、钼微量元素。

(四)为发展无公害农产品生产提供技术支持

琼海市耕地环境质量很好，很适宜发展无公害和绿色农产品生产，应充分利用本次调查成果，组织乡镇农业技术推广部门统一宣传，统一示范和指导，因土配方，建立无公害农产品生产平衡施肥技术新模式，在种植业上普及平衡施肥技术。

(五)加强肥料质量监测，确保农民用上合格肥料

建议农业部门加强肥料的监测工作，杜绝不合格的复合肥、复混肥进入市场，做好各种肥料的检验登记工作，凡未办理登记的肥料一律不得进入市场，不得销售和推广。

第三节　耕地资源利用的对策和建议

土地是人类赖以生存和发展的最基本的物质基础，是作物生产的前提。耕地是土地的精华，是人们获取粮食与其他农产品不可替代的生产资料。琼海市土地总面积 1 692 km^2，土地资源不能满足琼海市发展现代化农业的需要。因此，在土地资源匮乏的情况下，保护好耕地，提高耕地质量，提高土地的利用率，增加作物产量和提高作物质量来增加农民的收入显得极其重要。在耕地保护中，不仅要注重耕地的数量，还要注重耕地的质量及其基础生产能力。本次调查

是为了探索农业中土地存在问题,寻找农业科学发展的出路。以便科学合理地利用土地资源,满足琼海市农业对土地资源的需求。

一、耕地资源改良利用状况

(一)土地利用现状

1.总体结构

据琼海市土地利用总体规划(2006—2020年):土地总面积为17.1万hm^2,农用地14.11万hm^2,占土地总面积的82.51%,建筑用地2.21万hm^2,占土地总面积的13.51%,其他土地6 803.71 hm^2,占土地总面积的3.98%。

2.农用地结构

农用地:耕地3.79万hm^2,占土地总面积的22.18%;园地8.28万hm^2,占土地总面积的48.42%;林地1.31万hm^2,占土地总面积的7.64%;其他农用地7 324.81 hm^2,占4.28%。

(二)土地利用特点

(1)农用地所占比重偏高,其中以耕地、园地和林地为主,耕地面积比重高于全省平均水平,是海南省唯一的国家级基本农田保护示范区。

(2)建设用地中农村居民点、旅游设施和特殊用地占有较大比重,城镇用地与交通运输、水利设施用地不足。

(3)土地利用类型由东部沿海向西部山地呈现出“旅游用地——城镇和现代高效农业用地——热作与生态用地”的带状分布格局。

二、耕地土壤改良情况

与第二次全国土壤调查相比,耕地养分含量有下降,但不明显,而菜园地由于大量化肥的使用，使得养分含量较高，尤其是碱解氮和速效磷的含量明显提高。在培肥土壤工作中，还未取得进展，耕地退化面积日渐增加，且表现出多种形式。

(一)整地改土

1958年“大跃进”期间，为提高粮食单位面积产量，全县集中劳力6.8万人，划分10个战区，大搞深翻改土。经过3犁3耙，犁深表土40～50 cm的田块计9万余亩，占水田面积38.11%。由于深翻土层受到破坏，肥瘦颠倒，造成粮食连年大减产。

1964年，利用冬闲田种紫云英、苕子和黄花苜蓿5万亩。其后，增加到7万余亩。1972年，全面推广种红萍，多数年份红萍面积保持在18万～20万亩，占水田面积80%以上。1974年，开展改土治水，对塔洋、大路、烟塘、下寨埇、大克埇、北山、乌皮等地黏性偏大的田洋，进行掺沙入泥，改良土壤结构；对边远田、高坑田、低洼田和沿海地带的盐碱田，采取挖环山沟、环田沟、排灌沟和筑围堤等办法，达到治酸治碱、排灌分家的标准。至1976年，全县整治低产田18万亩，为建立稳产高产农田打下了坚实的基础。20世纪80年代，提倡稻草回田，多用农家肥，防止土壤板结。县水利部门还在塔洋、大路、温泉、中原等粮产区，改造旧的排灌系统，建筑永久性的排灌网络。

(二)推广秸秆还田，增加土壤有机质

琼海市大力推广秸秆还田和综合利用技术，秸秆还田具有促进土壤有机质及氮、磷、钾等含量的增加，协调比例失调的矛盾；提高土壤水分的保蓄能力。通过秸秆还田，能有效增加土壤有机质含量，改良土壤、加速生土熟化、提高土壤肥力。改善植株性状，提高作物产量；改善土壤性状，增加团粒结构等优点。秸秆还田的增肥增产作用

显著，一般可增产5%～10%，是促进农业稳产、高产、高速，同时还可以改变群众田间焚烧秸秆，造成环境污染的不良利用方式，因此秸秆还田是走可持续发展道路的重要途径。近年来，市农业推广技术人员引导和发动农民自觉认识秸秆是最现成的、最大量的、成本低的有机肥源取得了成效。

(三)增施有机肥，培肥地力

反季节瓜菜、热带水果经过数年探索和实践，远销国内外。但由于农民重施化肥，偏施氮肥，致使瓜果菜在口感、外观、营养等品质下降，甚至有失去市场的可能。农作物的增产也主要是靠大量的化肥施用来实现的。化肥的过量、长期以及不平衡的施用，会浪费肥料，造成土壤的退化。进而影响到作物的生长。因此，引导农民改变重施化肥，而不注重有机肥的施用的施肥方式是培肥增效的一项重要举措。有机肥不仅可以为作物的生长提供其所需养分，还可以改良土壤、培肥地力，增加产量和改善品质。有机肥料中的主要物质是有机质，施用有机肥料可以增加土壤中的有机质含量。有机质可以改良土壤物理、化学和生物特性，熟化土壤，培肥地力。

施用有机肥料不仅增加许多有机胶体，同时借助微生物的作用把许多有机物也分解转化成有机胶体，因此可大大增加土壤吸附表面，并且产生许多胶黏物质，使土壤颗粒胶结起来变成稳定的团粒结构，提高了土壤保水、保肥和透气的性能；施用有机肥料，还可使土壤中的微生物大量繁殖，特别是许多有益的微生物，如固氮菌、氨化菌、纤维素分解菌、硝化菌等；有机肥料中有动物消化道分泌的各种活性酶，以及微生物产生的各种酶，这些物质施到土壤后，可大大提高土壤的酶活性；多施有机肥料，可以提高土壤活性和生物繁殖转化能力，从而提高土壤的吸收能力、缓冲性和抗逆性能。

(四)推广测土配方施肥,科学施肥

20世纪80年代以来,农民大量施用化肥、轻施有机肥,尤其是90年代后有的耕地根本就不再施有机肥。化肥中偏重施氮肥轻施磷、钾肥。在肥料的使用中,农民施肥带有较大随意性和盲目性。农民一般根据农作物长势施肥,却忽略土壤的养分情况及农作物不同生长期所需的养分的急需程度以及用量的科学施肥技术。使得肥料利用率不高而且浪费,而且还破坏土壤良好的结构,造成地力下降;氮、磷肥的流失也带来了巨大的环境压力。测土配方施肥技术可有效调节和解决作物需肥与土壤供肥之间的矛盾,同时有针对性地补充作物所需的营养元素,作物缺什么元素就补充什么元素,需要多少补多少,实现各种养分平衡供应,满足作物的需要;达到提高肥料利用率和减少用量,提高作物产量,改善农产品品质,节省劳力,节支增收的目的。近几年来,农技推广部门花费了大量的财力、物力在不同乡镇开展测土配方施肥试验示范,通过示范效果,召开现场会、座谈会,引导和鼓励农民树立科学的施肥观。争取达到降本增效和保护耕地的作用。

三、耕地改良利用中存在的问题

(一)重数量轻质量

在基本农田保护中,政府偏重对基本农田数量的保护,却忽视了耕地质量对农业生产的重要作用。只是基本农田数量的增加,而耕地的土壤结构变坏、肥力下降,那么这样的基本农田的生产力很低,无法满足农业生产的需要。政府资金投入主要集中在完善排灌系统修筑围坝,防止涝灾等水利设施方面;对耕地养分的变化情况、生产

性能的评估及耕地环境保护投入少。总的来说，基本农田保护应该包括数量和质量两方面。政府对农业的投入还不能够保证基本农田保护两方面的需求。资金的不足，不能保证基本农田数量，会使耕地质量的长期监测无法进行，这样也就不能够满足发展现代农业的需求。

(二)重用轻养

由于耕地资源缺乏，农民往往通过提高复种来满足人们对作物的需求。这样耕地长期处于超负荷生产和入不敷出的状态，作物从土壤带走很大数量的养分，耕地养分大量消耗，速效养分含量也会下降。农民培肥地力的意识淡薄，重用轻养，造成土壤养分含量的下降和退化。同时肥料资源在配比上普遍存在不合理的现象，大量地施用氮肥，浪费肥料，对磷钾肥的投入少，不能满足作物产量和品质的需求。肥料的综合效应低。由于农民忽视培肥耕地以及肥料的不合理使用。使得耕地的生产力没有得到提高。

(三)重化肥轻有机肥

农民由于对作物需求养分规律缺乏了解，大体上根据经验或者是作物长势确定施肥。化肥见效快，价格适中。农民在施肥中往往选择化肥。而且农民对作物生长时所需要的养分种类以及数量没有精确的了解，对 3 种大量元素养分的使用的数量和比例也不合理。在对有机肥的使用中，由于缺乏对有机肥对土壤改良重要作用的认识，以及有机肥肥效慢，使用时投入的劳动力大等因素。农民选择少施或者不施有机肥。琼海市野生绿肥生产旺盛，尤其飞机草这种生长环境要求低、生长迅速、生物量大的野生绿肥资源丰富。农民缺乏主动利用野生资源的积极性。如何提高农民对野生绿肥的使用意识，加大对这种丰富、廉价、肥效高的绿肥的运用，政府还需要做大量宣传、发动、示范、推广工作。此外，水稻秸秆、番薯茎、花生蔓、玉米秸秆等也是很好的有机肥源。农作物秸秆数量大，能提供大量有机肥源。如果将野生绿肥和作物秸秆作为有机肥。那么土壤有机质含量将增加，土壤结构也将得到改善。有的农村由于缺乏燃料，以秸秆当燃料，有的地方有在田间焚烧稻草的不良习惯。要改变这种对秸秆利用的情况，需要政府以及科技工作者努力通过多种形式、多渠道对农民进行宣传教育，最好是能够通过示范的成效给农民一个实在的例子。逐步让农民认识这些有机肥源的实用价值和可操作性，改变原来对有机肥源不合理利用的现象。

(四)水土流失严重

近20年由于种植制度的调整。琼海市种植反季节西瓜和发展热带水果势头猛，种植户往往会选择沿海的沙地进行种植。砍伐沿海附近的树木，有时甚至砍伐防风林进行西瓜种植。这导致在降雨充分的情况下，土壤极易流失。发展热带水果已从平坦地带向山坡和丘陵地带进军，砍伐野生林种植现象普遍存在，为了减少成本，没有平整土地，没进行修筑梯田、等高线种植。琼海雨季时多暴雨，土壤受到极大的冲刷，水土流失极为严重。应引起当地政府及有关部门的高度重视，需采取有效措施给予解决。同时引导群众树立水土保持对农业生产重要性的意识。

四、改良利用建议及措施

肥沃、结构良好的土壤是发展高产、优质、高效的现代农业的基础；科学开发和合理利用土地资源，又是农业生产的基础。在此基础上，确定利用制度和利用方式，调整农业结构，促进农业增效、农民增收。积极把琼海市农业打造成“贸工农一体化，产加销一条龙”的农业产业化经营体系。积极发展反季节瓜菜生产及热带经济作物生产，因地制宜，合理调整作物布局，宜农则农，宜牧则牧，宜果则果，宜菜则菜，宜渔则渔，宜林则林。根据琼海市耕地调查分析结果表明，土壤酸度高；有机质、全氮、全钾与第二次土壤调查变化不大，全钾和速效钾在种植香蕉时含量比其他利用方式的土壤高很多；磷含量在蔬菜生产中含量上升非常明显，甚至超出一级耕地最低标准的10倍以上；微量元素如钼和硼缺乏严重，而有的土壤出现了铅、汞、镉等微量元素超标的情况。耕地基础生产能力还不能满足发展琼海现代农业的需求。为了适应琼海农业发展的需要，在培肥地力、提高耕地质量以及肥料使用中特提出以下建议：

（一）加大对农业的关注度及投入

政府在制定耕地保护措施的时候，一方面要注重基本农田数量的保护；另一方面也应该重视地力的培肥工作，提高耕地的质量。随着农业产业结构不断升级，对耕地需求面积在增加，而对土壤质量要求也在上升。尤其是热带水果和反季节蔬菜的生产中，对耕地质量要求较高。琼海市土地资源不足、养分贫乏，很大程度地制约着农业持续快速发展。在土地面积相对一定的时候，政府应把土肥工作的重心从保护耕地数量转移到提高耕地质量上来。改造中低产田，根据不同的限制因素，进行针对性的改良，改善土壤环境，提高土壤肥力。在耕地的保护中个体农民缺乏资金和认识，因此需要政府的充足资金投入以及大力宣传，从而为琼海市现代农业的发展奠定基础。

（二）调节化肥的施用量

琼海的自然资源良好，对发展多季农业有得天独厚的优势。改革开放以来，为了满足市场的需求，复种指数进一步增大。耕地长期处于超负荷的生产和养分入不敷出的状态。农作物不断从土壤中带走氮、钾、磷元素，而在施肥中农民有偏施氮肥、磷钾肥施用不足的习惯。造成土壤中钾、磷两元素缺乏，限制作物产量的增加以及质量的提高。氮、磷、钾肥料使用比例不能满足作物和培肥地力的需求。而由于偏施氮肥，尤其是酸性的氮肥，导致土壤板结，土壤结构破坏，土壤酸化，影响土壤肥力的提高；而且还会引起环境问题。可见，引导农民树立科学施肥观念可以取得一举多得的效果。合理配置肥料资源，实现土壤养分与作物需求相统一的科学施肥，提高施肥效果。

（三）开辟有机肥源，增加土壤有机质含量

琼海市气候属于热带，自然土本身在强烈的生物作用下有机质含量低；开垦用于农业生产后，土地频繁翻动，有机肥使用少，所以土壤有机质含量很低。有机质对土壤肥力具有重要的作用，对土壤的理化性质起着很大的影响。增加土壤有机质是提高土壤质量的重要手段。

1.充分利用野生绿肥资源

琼海市雨量充沛，温度高，为野生绿肥生长提供了良好的环境。飞机草、水葫芦、羊茅类以及蟛蜞菊等野生绿肥生长良好，生长量极大，并且飞机草和水葫芦已经成为危害环境的外来生物。如果能够引导农民采集野生绿肥，利用生物肥制剂发酵熟化，或者是用作沼气原料后，作为有机肥使用。不但可以增加土壤有机质含量，还可以改善土壤结构，降低外来生物危害。

2.大力推广秸秆还田技术

琼海市粮食作物中水稻种植面积 36.58 万亩，香蕉种植面积 1.82 万亩，番薯种植面积 5.78 万亩（以 2011 年鉴为准）；农民还有种

植花生以及豆类的习惯，所以秸秆产量非常大。推行秸秆还田将有效地增加土壤有机质。近年来，在政府的支持下，积极推广秸秆还田技术，为了不误农时，可以采用“腐秆灵”或者生物熟化剂熟化秸秆；也可以提倡秸秆打碎后 200 kg/亩还田；还可以根据条件发展沼气。群众有在田间焚烧秸秆和用秸秆当作燃料的习惯，成为秸秆还田的制约因素。为了减少秸秆作为燃料，以增加秸秆回田的可能性，应以沼气池建设项目为契机，发动群众积极建造沼气池，解决农村能源，促进秸秆还田。

3.合理利用人畜粪尿

琼海市常住人口 49.64 万，2010 年琼海养猪 21.05 万头、牛 2.44 万头、羊 3.72 万只、禽类 1 680.98 万只(以 2010 年鉴为准)。近年来琼海养殖业发展势头迅猛。在养殖数量上升的同时，产生的排泄物将是巨大的有机肥料来源。有的养殖场已经建成了循环养殖(作物—养殖—粪尿—沼气—作物)的模式，建造了沼气池，粪尿发酵后用作有机肥使用，种植作物。在生态文明村的建设中，政府鼓励和帮助农民建造沼气池，推行“一体三改”(即改厕、改粪室、改厨连成一体)技术。粪尿集中回收沼气池，防止肥效损失。这种利用方式既能供给农村能源，又能净化农村生活环境，还能提供有机肥源。沤熟的粪尿也是很好的有机肥。

4.发展绿肥生产

在琼海可以用紫云英、苕子、猪屎豆等绿肥，果园中还可以种植木豆，桉树林下可种植坚尼草等绿肥。绿肥培肥地力效果明显，以紫云英为例：15 亩绿肥可固氮 153 kg，活化、吸收钾 126 kg。这些绿肥生长条件要求较低，生产量大，豆科绿肥发生固氮作用，增加肥效。绿肥的种植还可增加地面覆盖，防止水土流失。

（四）改变耕作制度，调整作物布局

（1）调整水田耕作，实行水旱轮作。调节土壤水气性状，促进土壤养分转化，有利于作物吸收养分和土壤有益微生物的生长。比如琼海市的反季节瓜菜生产就是以下水田为基础，改变了下水田的潜育的不良特性。调整了作物结构，同时促进整体农业效益的增加。

（2）根据土地状况，推行宜林则林，宜农则农，宜果则果，宜牧则牧，宜渔则渔，宜菜则菜的农业全面发展策略。

（五）加强农田基础建设

2009 年全市农田水利基本建设计划投入 1.54 亿元，其中市财政投入 2 500 万元，重点建设项目 90 多宗，整治田洋 3.32 万亩，修建节水防渗渠道 223 km，修复水毁工程 400 多处。

在市委、市政府的高度重视和直接领导下，本市 2009 年冬季农田水利基本建设工作坚持强化领导、严密组织，做到早规划、早准备、早投入、早动手。市里成立了 2009 年农田水利基本建设总指挥部。指挥部下设办公室和项目勘测设计规划、项目审核拨款、项目建设施工管理等领导小组，具体负责 2009 年农田水利基本建设各方面工作的组织领导和业务工作。抽调 40 多名工程技术人员组成了 3 个勘测设计规划工作小组，负责水利建设重点项目、农综及农田整治和农村饮水项目，于 7 月初全面完成了全市 50 多宗重点水利建设项目，9 个重点田洋面积 3.32 万亩整治项目及 28 宗农村饮水安全重点项目的规划设计工作，为全面开展农田水利基本建设工作提供了科学的依据和根本保证。

1.加强现有水利工程的管理和维修

琼海市的大部分水利工程都是在“文革”前兴建的，不少渠道已

破败不堪，大部分水利设施遭到严重破坏，水资源浪费很大，全市水利工程亟待加强现有水利工程的管理和维修。

琼海市在“十二五”期间将重点抓好小(一)、(二)型水库除险加固、农田综合整治等工程建设，提高抗灾保收能力。2012年，投资1.9亿元，完成全市21宗小(一)型水库除险加固工程建设。力争到2016年，全市69宗小(二)型水库除险加固工程和嘉积等8个镇10万亩的土地综合整治项目建设完工。加强中小型灌区节水防渗、末级渠道建设，增强农田水利灌溉能力。

2.改良低产田

琼海市低产水稻田的类型包括潜育型、渗育型、淹育型、沼泽和盐渍水稻土。占水稻土总面积的22.96%，严重影响了水稻的生产。渗育型和潜育型水稻土又是琼海市低产土的主要类型。主要问题是水分状况不良。针对低产田应该主要采取工程措施进行改良。比如渗育型水稻土的改良可以采取下列方式：①挖环山沟。即在山坡脚边缘挖深沟，阻截山坡侧渗水，使雨水和侧渗水从沟中流走，以免漂洗土层。②做好渠道防渗，减少侧渗水源。③修建田间排水沟，降低地下水位。④增施有机肥料，改良土壤结构；潜育型水稻土的改良应该深挖排水沟，降低地下水位，改变通气状况，促进养分良性循环；而对淹育和沼泽水稻土，排水是最重要的措施，改变长期积水的状况，利用浅沟筑台排水，降低水位，还可以利用秸秆还田50 cm改变其透水性能，形成良好的水、气环境。

3.保护防风林以及水土保持林

近年由于西瓜种植面积的扩大，西瓜种植已经向沿海土地发展。甚至出现砍伐防风林种植西瓜的情况。这种土地利用方式是极不科学的：一是土地利用的年限短；二是防风林的破坏增强了台风和潮水对沿海地区的威胁；三是土地贫瘠化，沙漠化有向内陆发展的趋势。

对于水土保持林，人们由于贪图当前利益，大片砍伐或者是偷伐水土保持林，从而又加剧了水土流失。

4.加强农产品流通重点设施建设

琼海处于独特的热带气候带，热带水果以及反季节蔬菜畅销国内外，所以保证热带水果和反季节蔬菜的及时上市是提高瓜果蔬菜生产效益的重要途径。交通状况的改善和临时储存库的建设是保证农产品顺利流通的前提。

(六)充分利用土地，发展多种经营

1.大力发展冬季瓜菜和香蕉、番石榴生产

琼海种植反季节瓜菜、甘蔗、香蕉生产的历史悠久，当地农民商品意识和科技意识较强，有丰富的农业种植经验和市场风险承受能力。改革开放以来，琼海把瓜菜、香蕉生产作为富民强市的主导产业，发挥技术与资源优势，抓调整，建市场，壮龙头，促发展。特别是近几年来，琼海积极调整优化农业产业结构，大力发展瓜菜、香蕉生产，建起了一大批颇具规模的瓜菜、香蕉生产基地；重视农副产品市场体系建设，已形成了以批发市场为中心，以集贸市场为支点，以中介组织和运销队伍为纽带的大流通格局；坚持科技兴农，增创竞争优势，大力引进、开发、推广新品种和新技术，推动瓜菜、香蕉生产向名优特和无公害的方向发展。

2.发展林业，合理安排树种及其比例，发挥综合效益

发展林业应该合理地选择树种及其树种之间的比例，避免桉树的单一种植。良好的森林系统，既可以提供木材，还可以防风固堤，同时可以改善气候，保持水土。

3.开垦后备耕地资源，保护现有耕地

为了适应农业的发展需求，需要有计划地开发后备土地资源进

行农业生产。利用后备土地资源的同时，要注意对环境的保护。现有耕地出现了养分退化、酸化、污染、结构变坏等一系列问题。我们应该采取针对性措施对其进行改良，保护现有耕地，提高耕地质量，还要对闲置土地进行收回利用。

4.利用水域进行水产养殖

海岸线长 43 km，渔场遍及东、西、中、南沙，经济价值较高的鱼类有 40 多种。境内有 1.19 万 hm^2 浅海滩涂，是养殖海产品的良好基地，全国最大的麒麟菜养殖场就在境内。

万泉河是海南岛第三大河，发源于五指山的风门岭，全长 163 km，流域面积 3 693 km^2，从琼中县流入琼海市境中部，流经 10 个乡镇后注入南海，境内流长 81.2 km。

琼海水产品种繁多，资源丰富。内陆淡水可发展草鱼、鲢鱼、鳙鱼、鲤鱼、罗非鱼、胡子鲶等品种养殖。琼海适宜采养的品种有 20 种。主要有鲻鱼、鲈鱼、遮目鱼、墨吉对虾、白虾、红须虾、斑节虾、青蟹、花蟹、珍珠、鲍鱼、蚝蚶、浅蓠、马尾藻等。沿海滩涂多处在江河入海口的港湾，底为沙质，浅平，坡度较小，海水透明度好，是鱼类、虾类、蟹类等海洋生物饲饵、产卵、孵化较为理想的场所。鱼、虾、蟹、贝类等幼苗品种繁多，发展近海养殖具有得天独厚的优越条件。

参考文献

[1] 龚子同，张甘霖，漆智平．海南岛土系概论．北京：科学出版社，2004.

[2] 汤国安，赵牡丹．地力信息系统．北京：科学出版社，2000.

[3] 鲁如坤，等．土壤农业化学分析方法．北京：中国农业出版社，1999.

[4] 漆智平．热带土壤学．北京：中国农业大学出版社，2007.

[5] 全国农业技术推广服务中心．耕地地力评价指南．北京：中国农业科学技术出版社，2006.

[6] 海南省农业厅土肥站．海南土壤．海口：三环出版社，海南出版社，1994.

[7] 海南省统计局．海南统计年鉴 2011．北京：中国统计出版社，2011.

[8] 海南省农业厅土肥站．海南土种志．海口：三环出版社，海南出版社，1994.

[9] 海南省琼海市地方志编纂委员会．琼海市（地方志）．北京：新华出版社，1998.

[10] 琼海市农业局．琼海土壤普查报告书，1985.

[11] 琼海市国民经济和社会发展第十二个五年规划纲要，2011.

[12] 琼海市 2011 年政府工作报告，2011.

[13] 琼海市 2010 年国民经济和社会发展统计公报，2011.

[14] 琼海市人民政府．琼海市土地利用总体规划（2006—2020），2014.

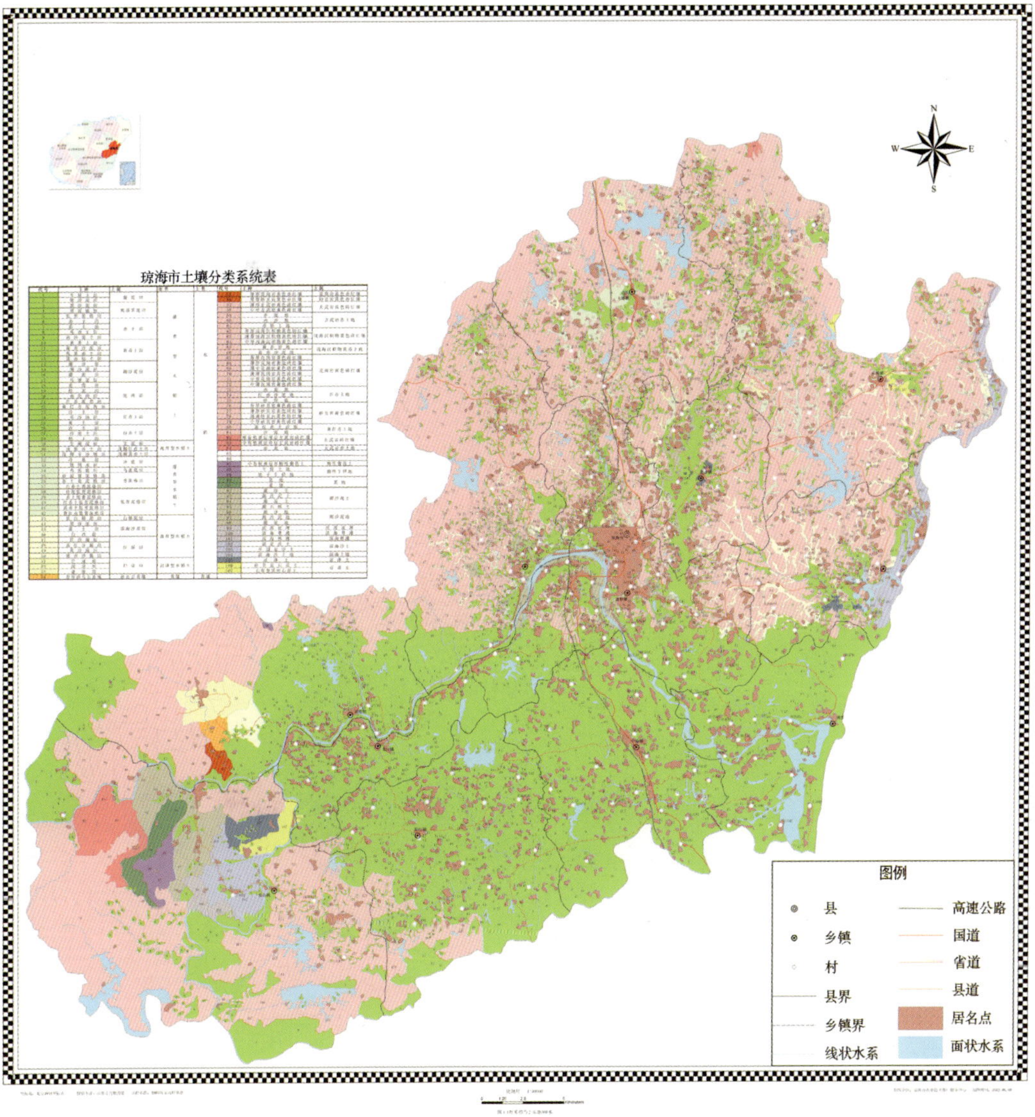

彩图 1　海南省琼海市土壤图

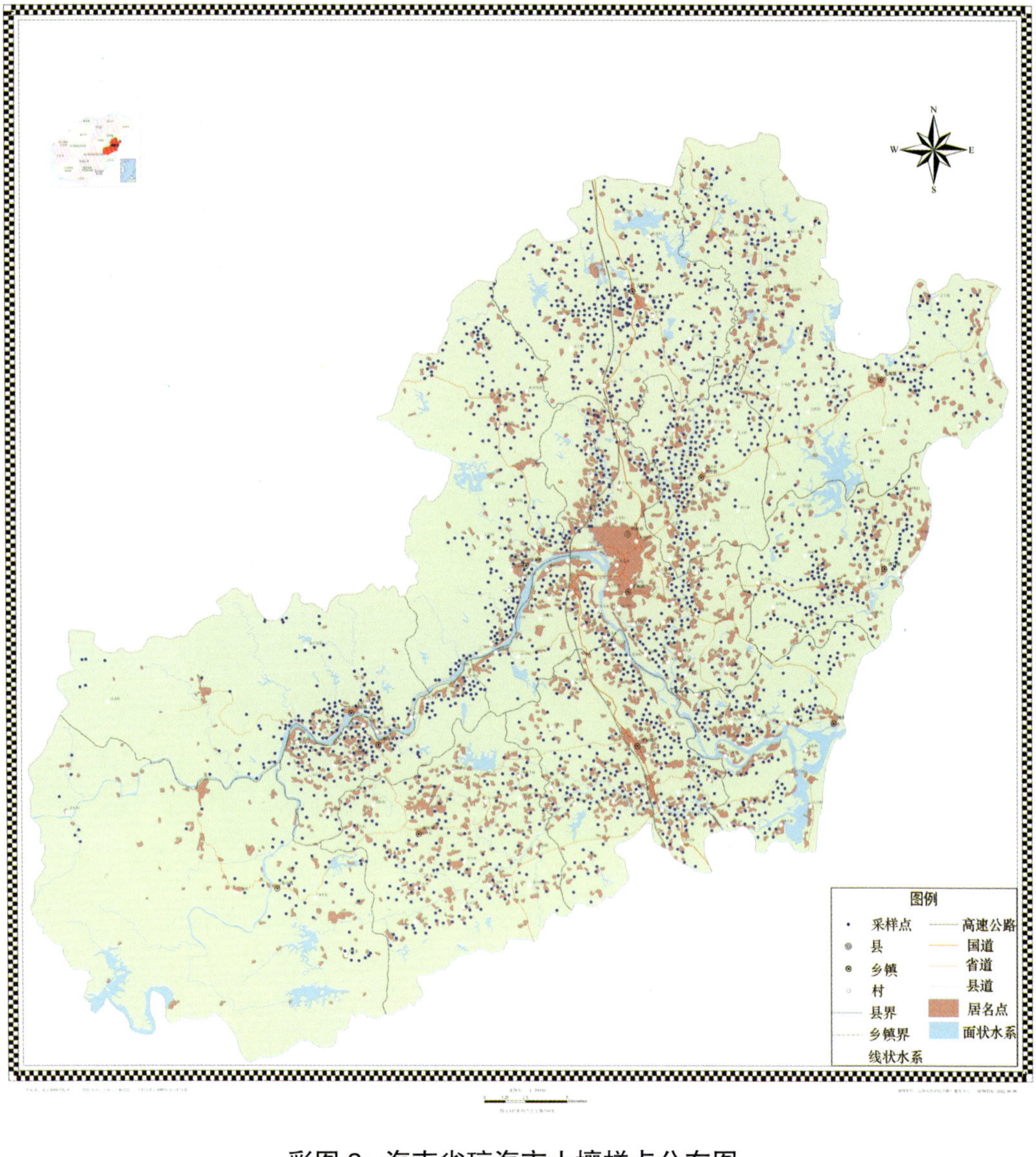

彩图 2　海南省琼海市土壤样点分布图

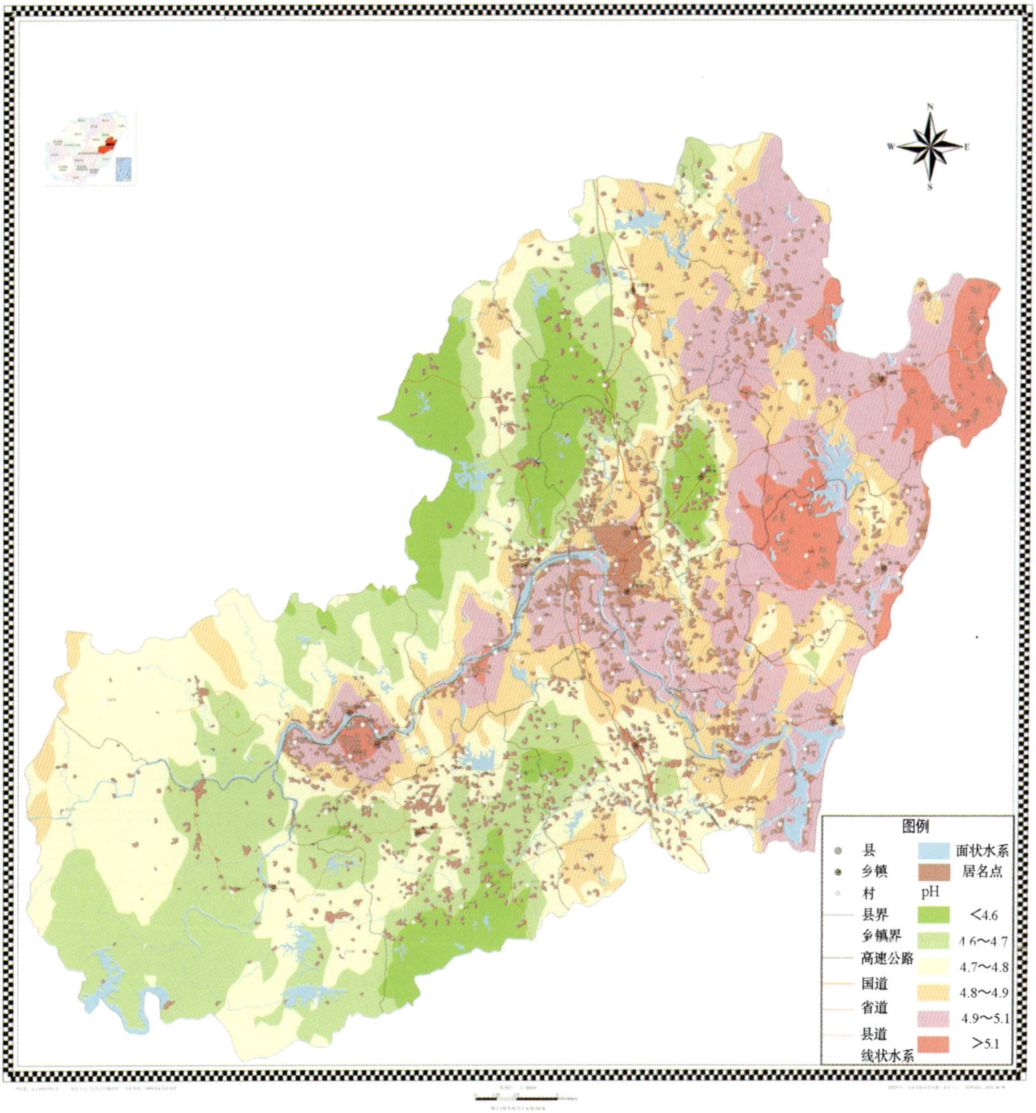

彩图 3　海南省琼海市土壤 pH 图

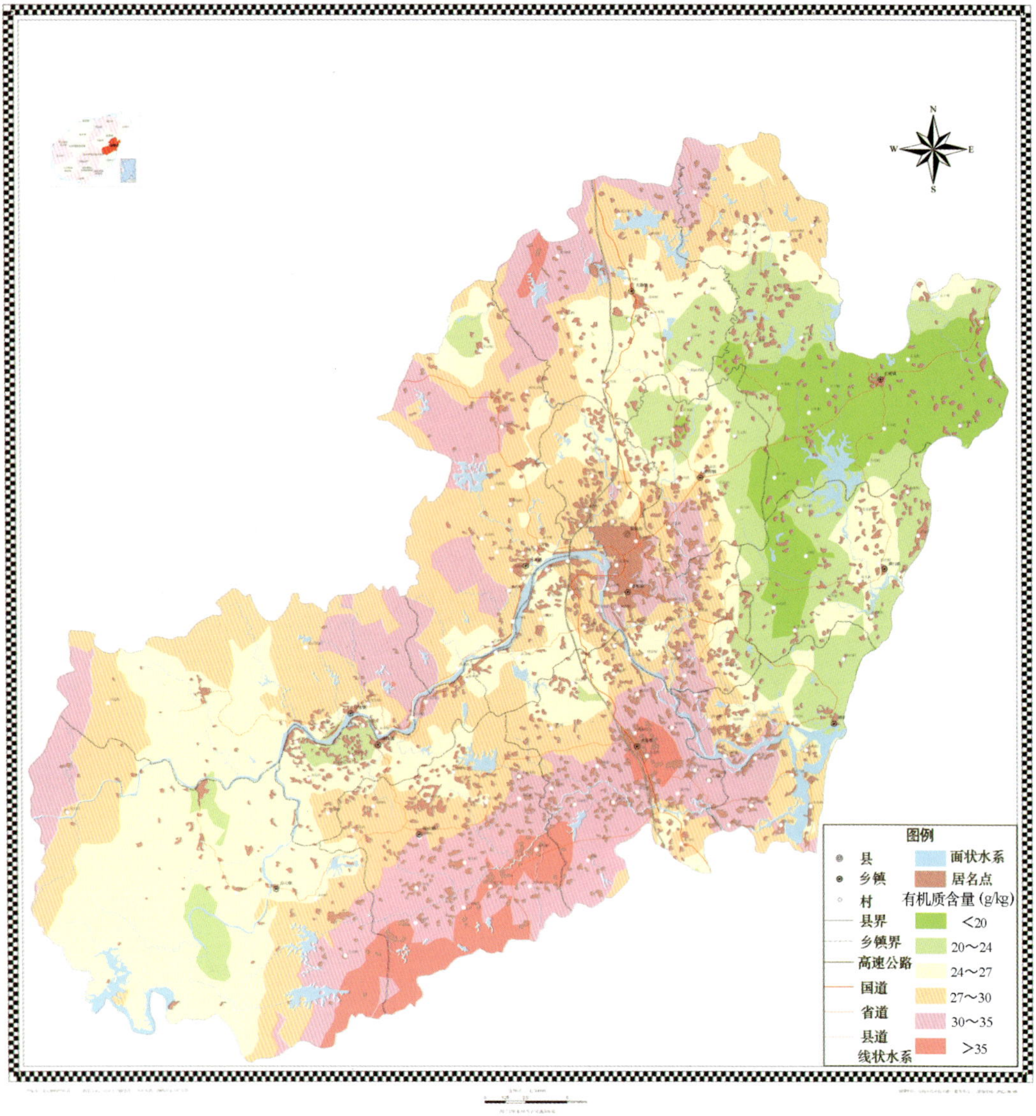

彩图 4　海南省琼海市土壤有机质含量图

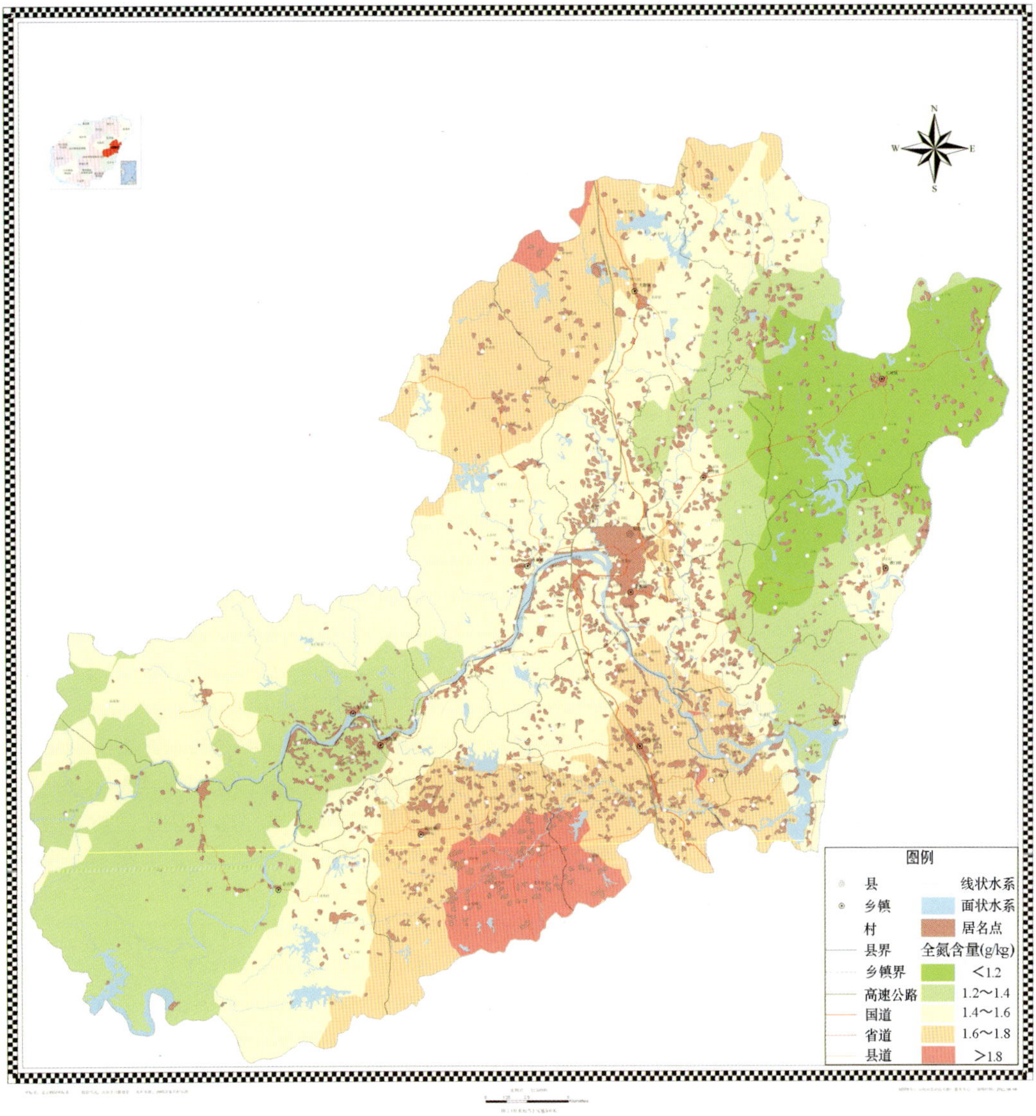

彩图 5　海南省琼海市土壤全氮含量图

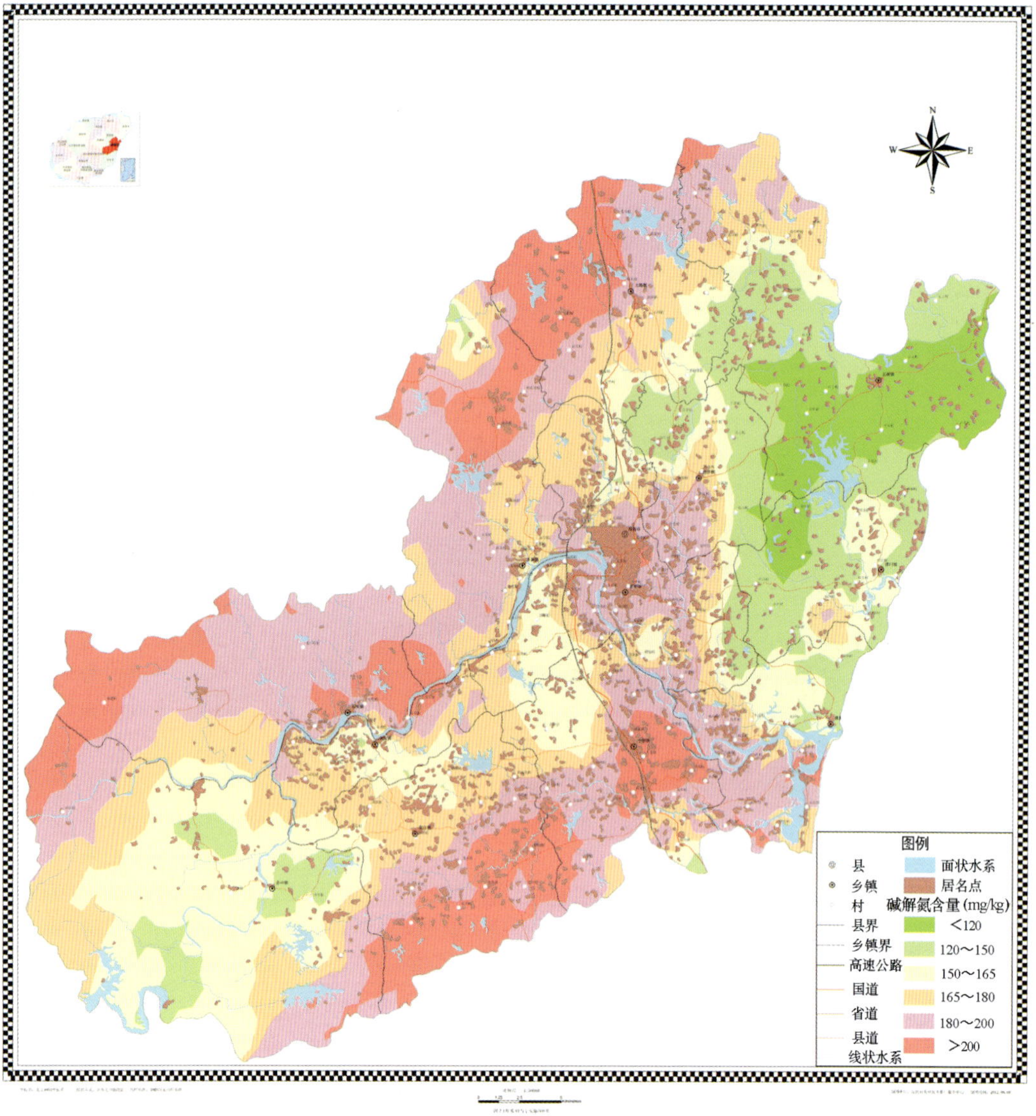

彩图 6　海南省琼海市土壤碱解氮含量图

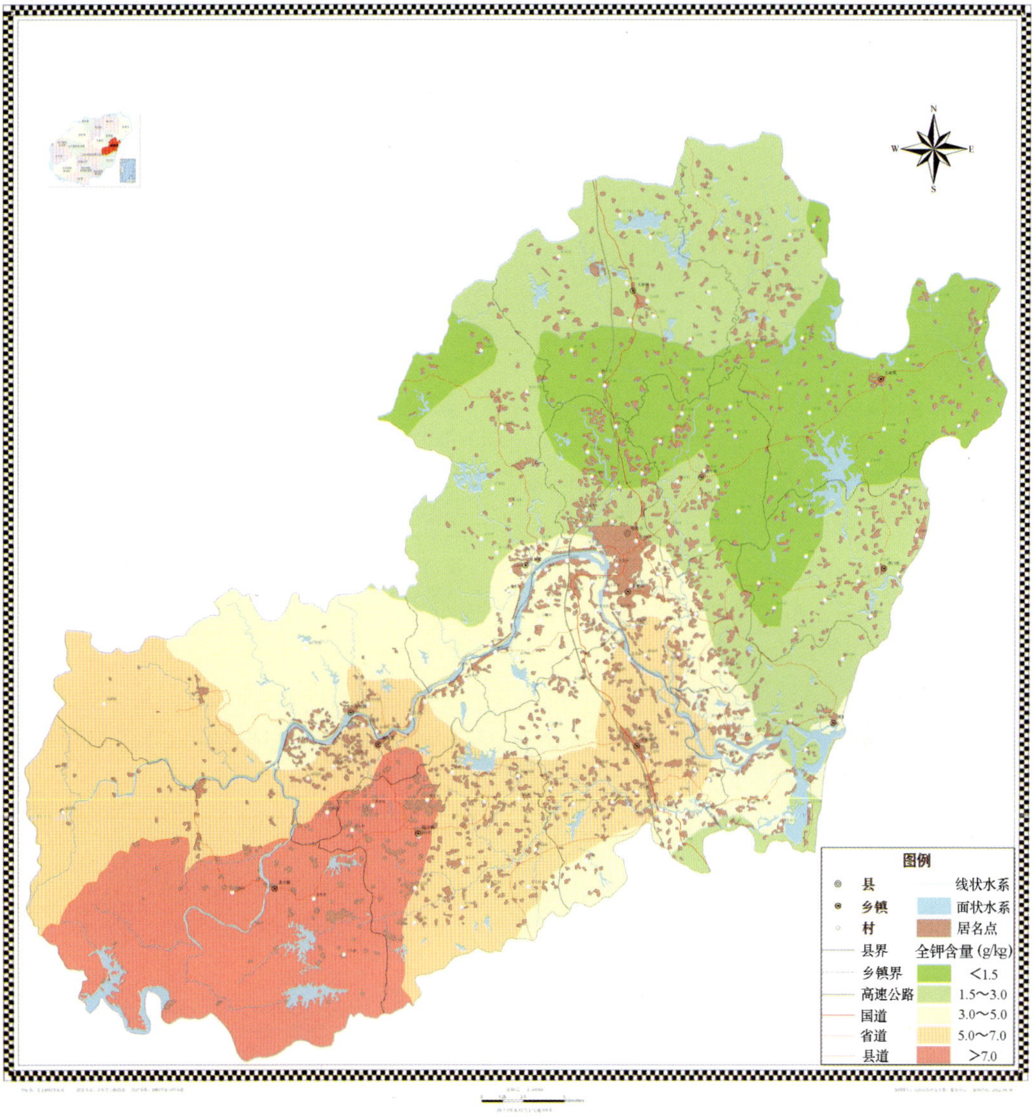

彩图 7　海南省琼海市土壤全钾含量图

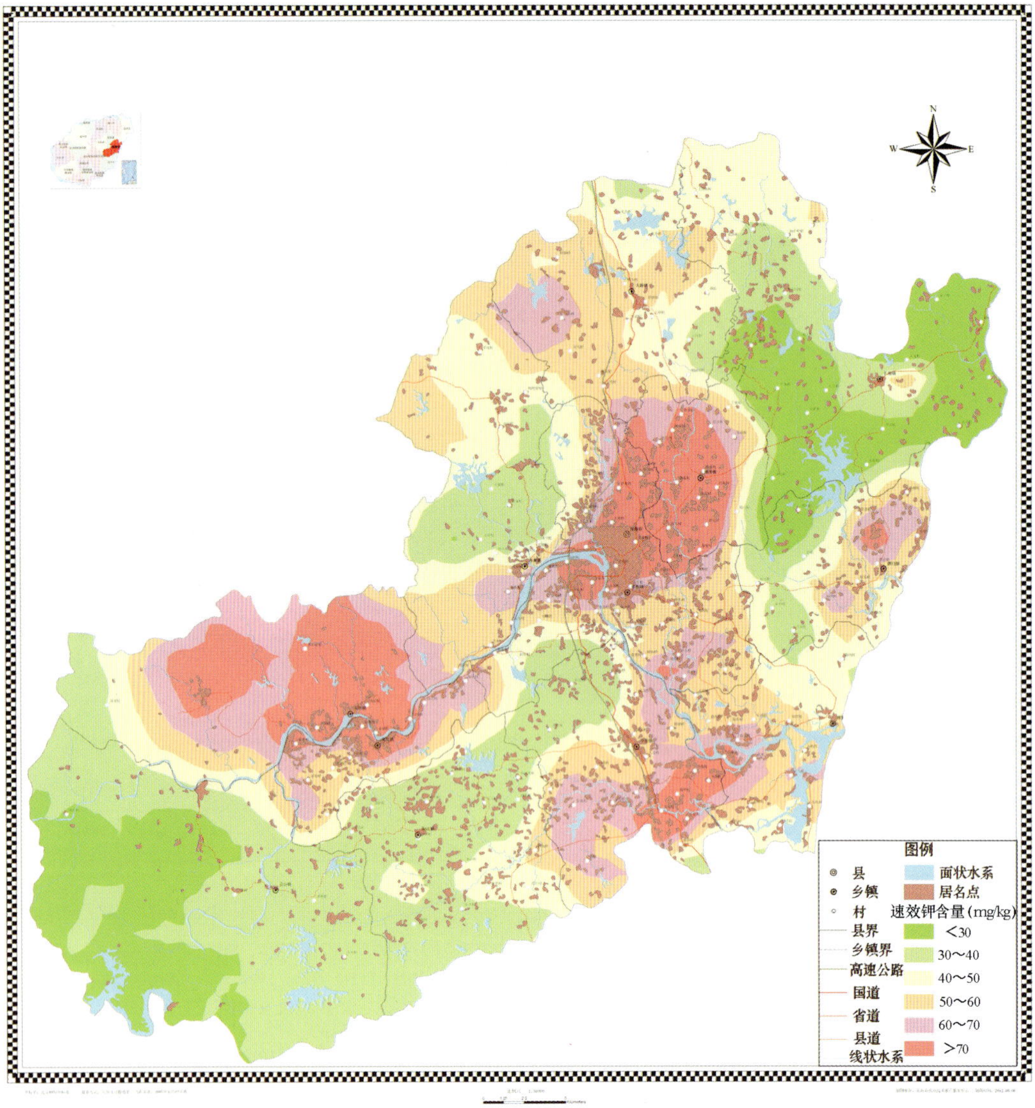

彩图 8　海南省琼海市土壤速效钾含量图

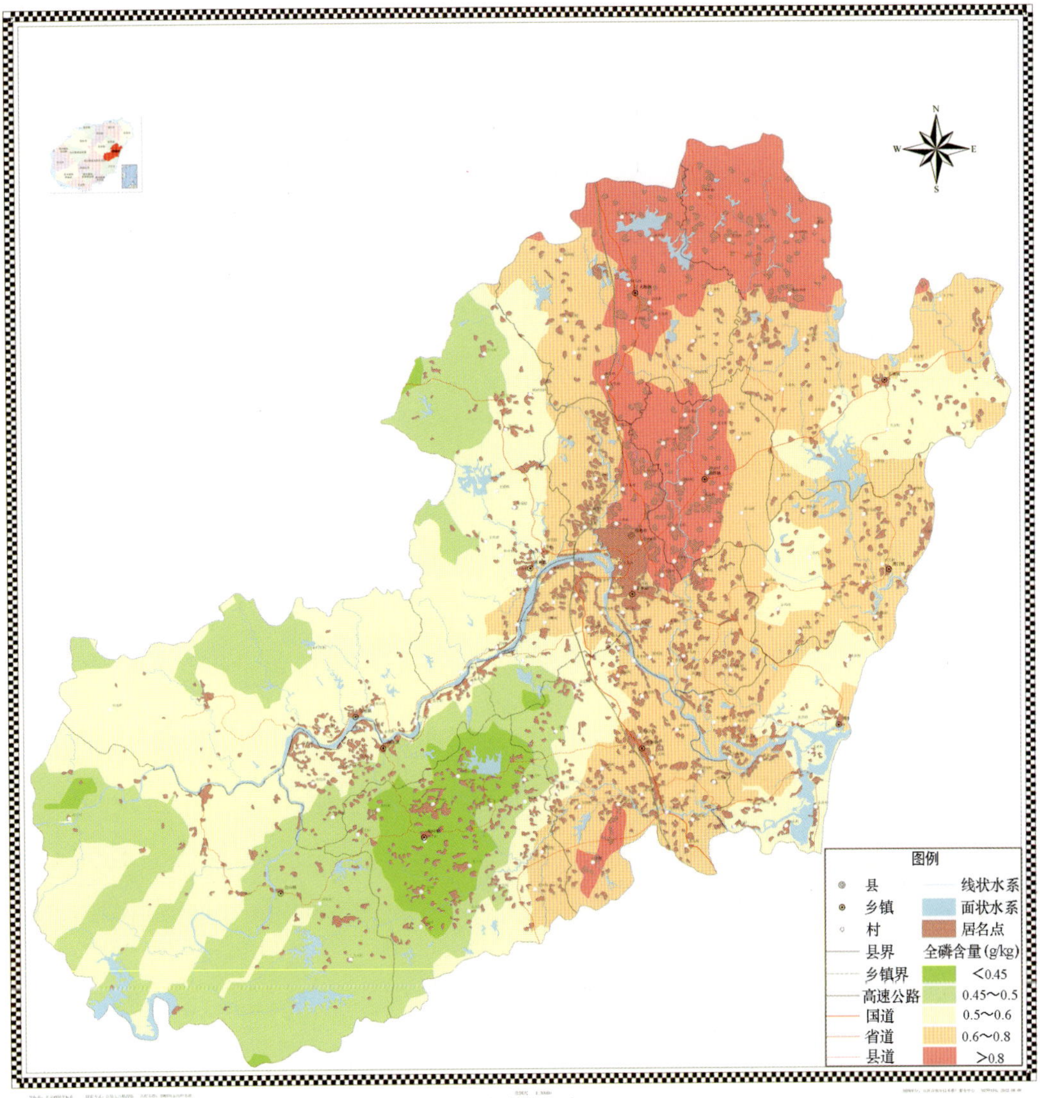

彩图 9　海南省琼海市土壤全磷含量图

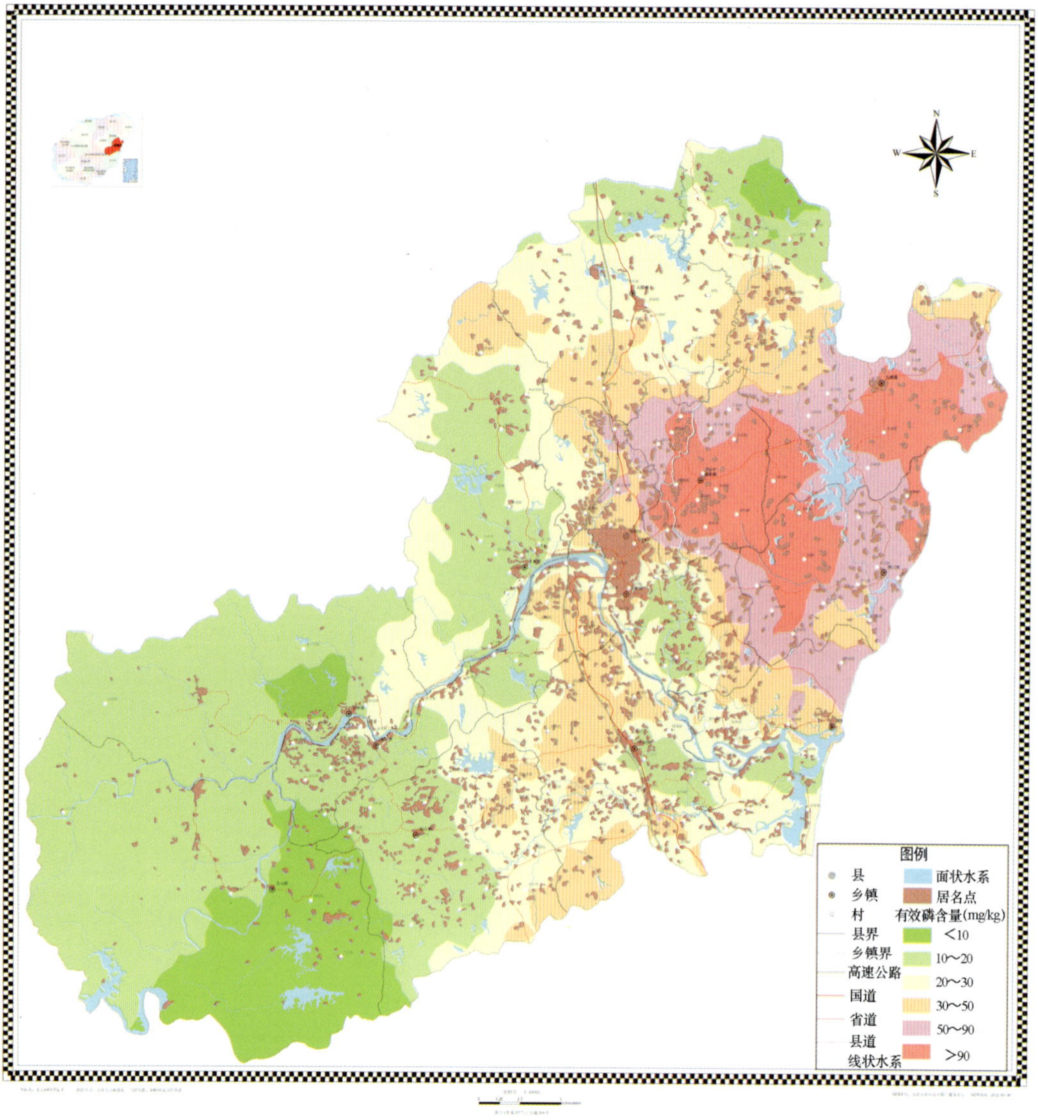

彩图 10　海南省琼海市土壤有效磷含量图

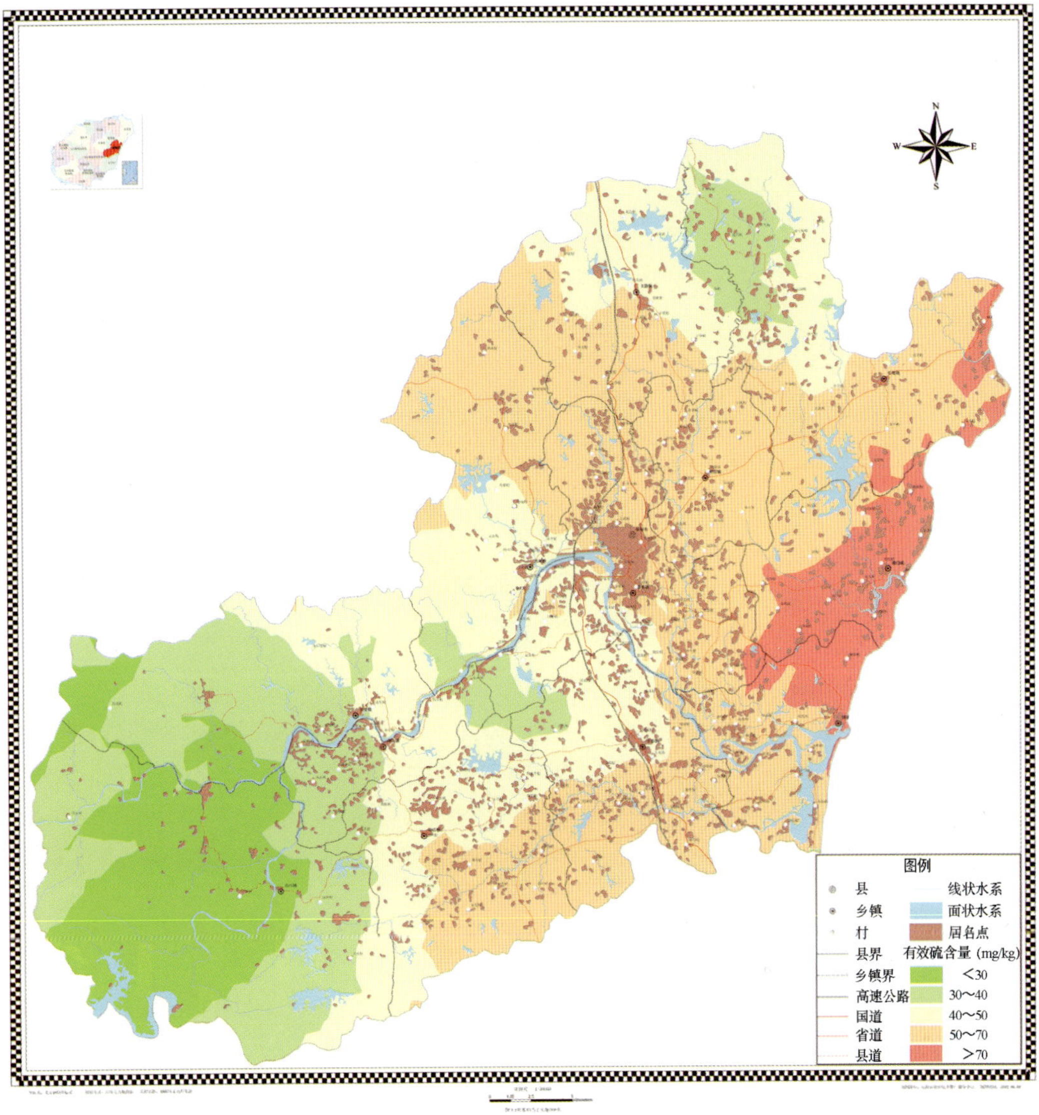

彩图 11　海南省琼海市土壤有效硫含量图

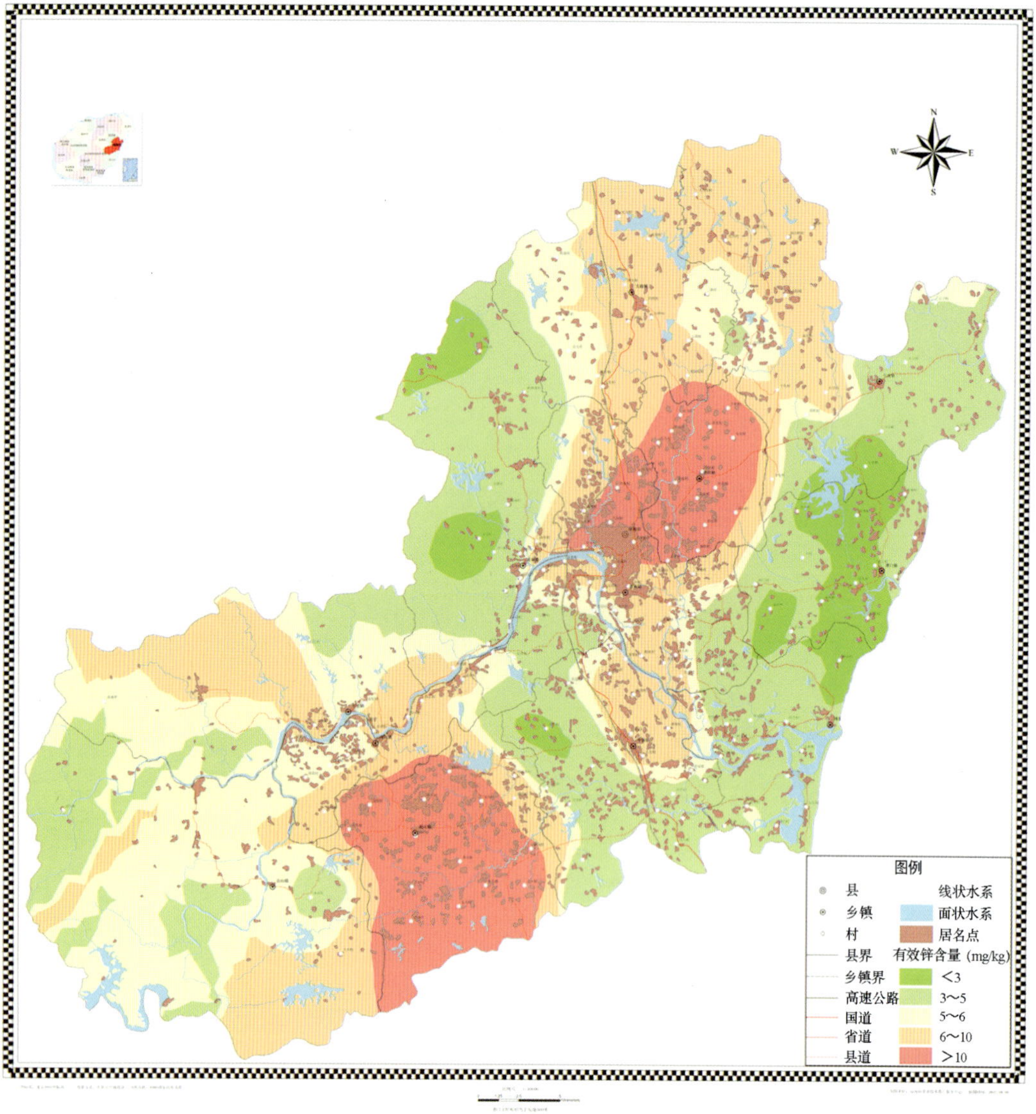

彩图 12　海南省琼海市土壤有效锌含量图

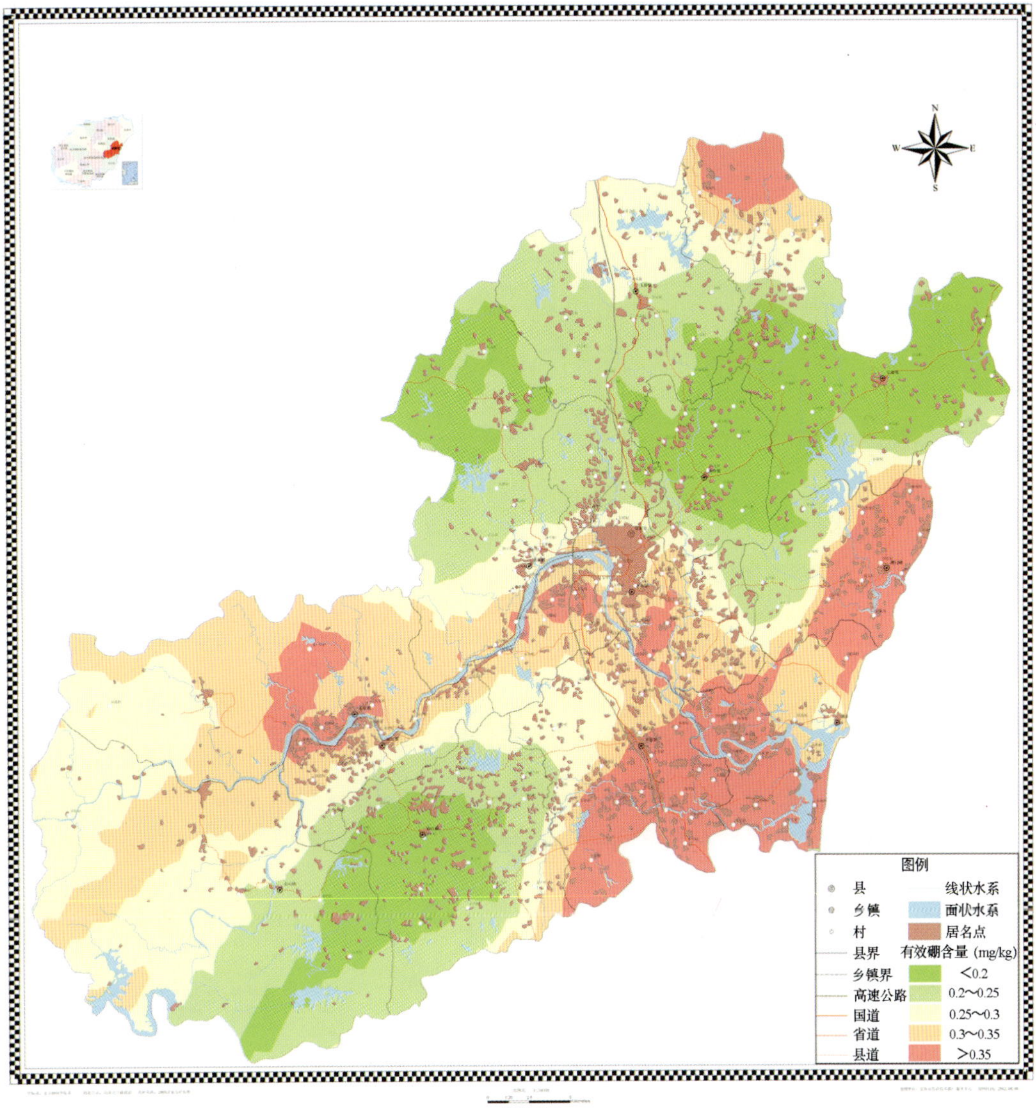

彩图 13　海南省琼海市土壤有效硼含量图

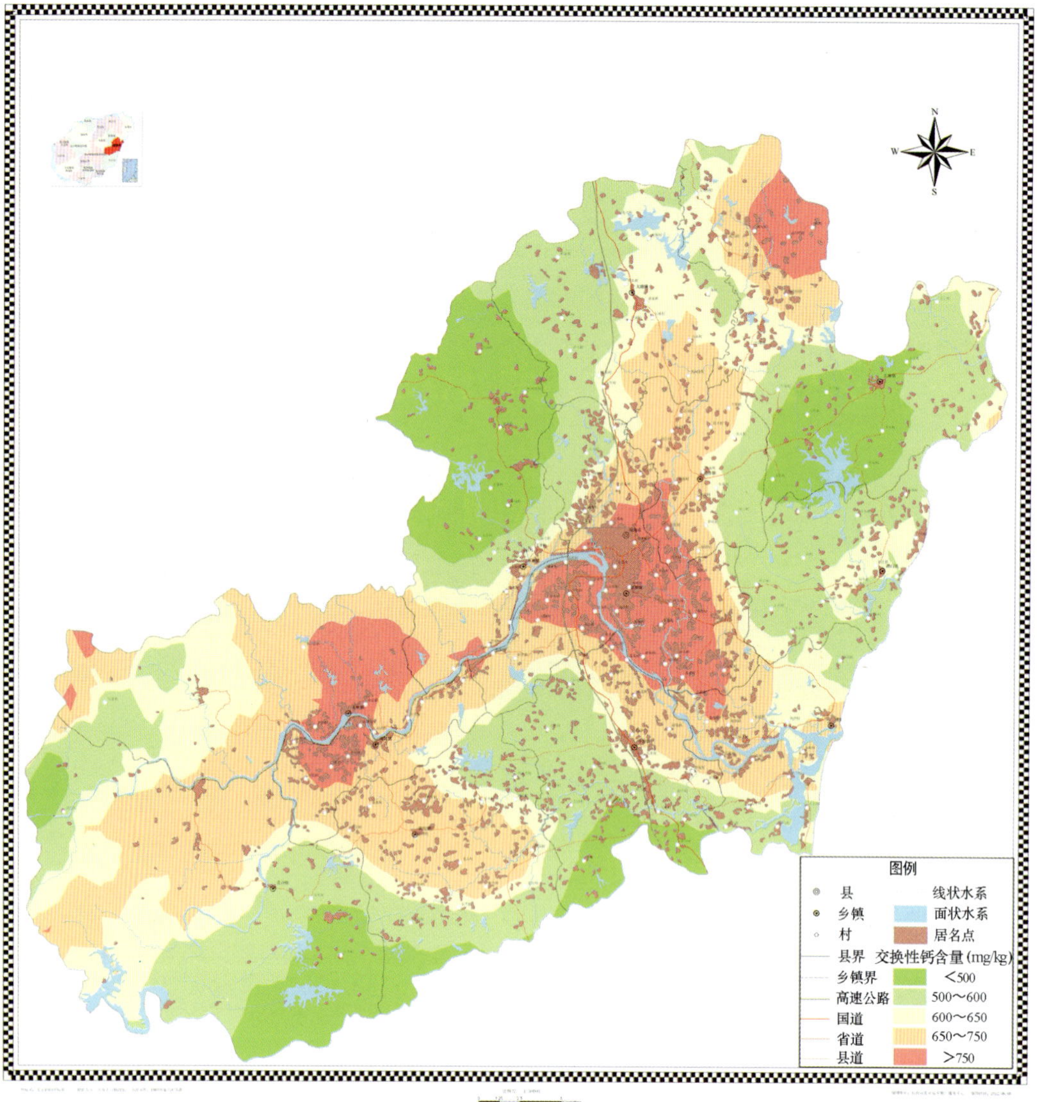

彩图 14　海南省琼海市土壤交换性钙含量图

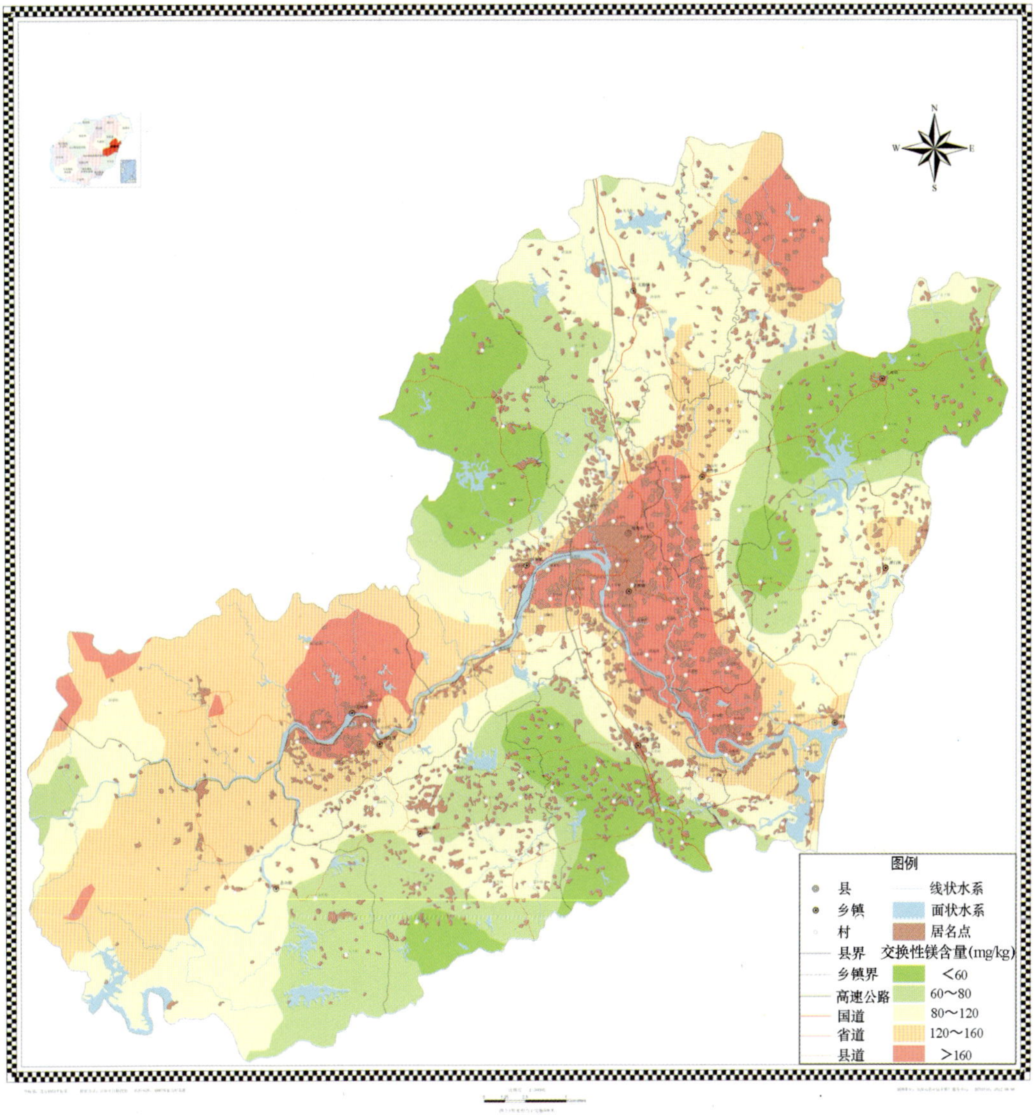

彩图 15　海南省琼海市土壤交换性镁含量图

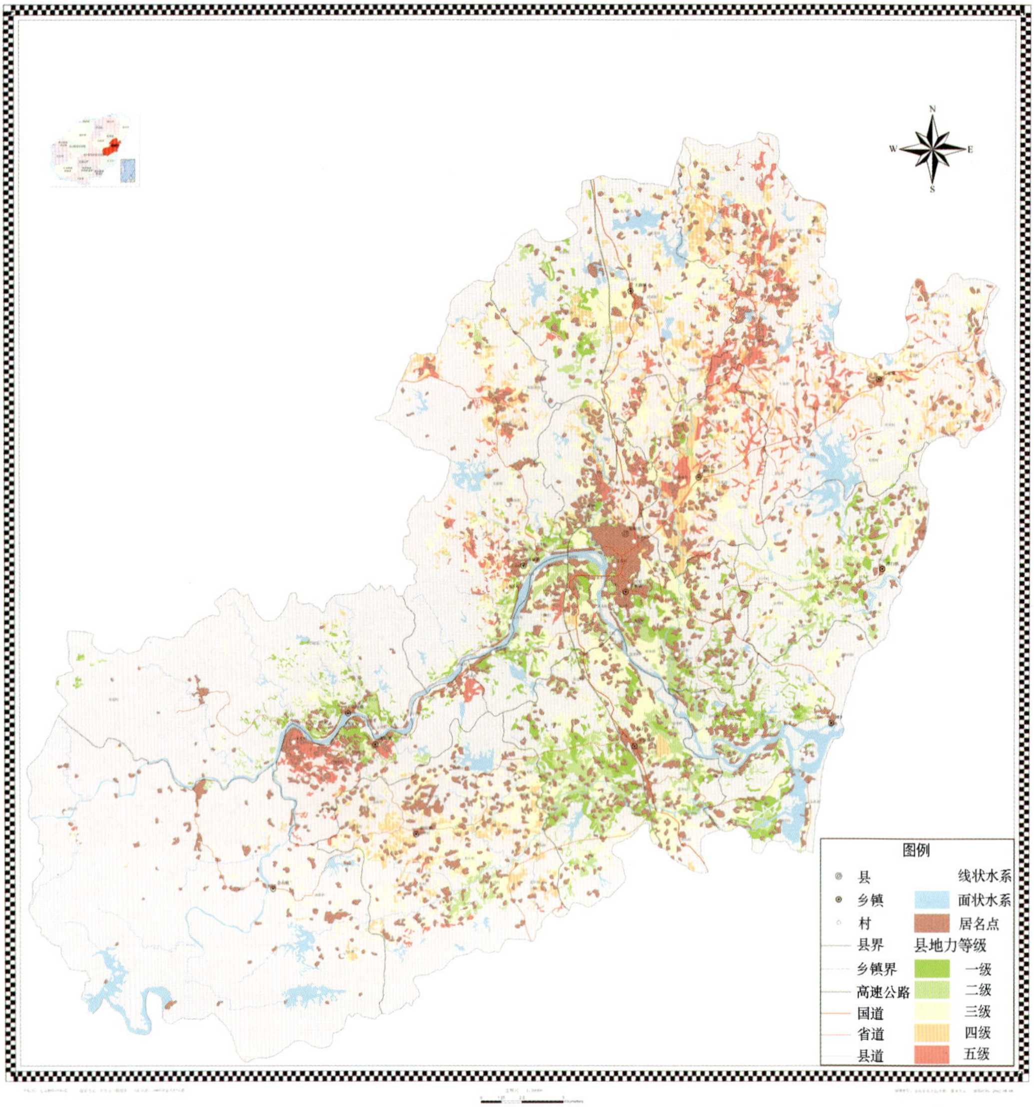

彩图 16　海南省琼海市耕地地力等级图